BARÊME DÉCIMAL,

OU

LES COMPTES FAITS;

DEUXIÈME ÉDITION,

ÉTENDUE A TOUS LES SYSTÊMES MONÉTAIRES POSSIBLES,

Et présentant la manière d'effectuer, sans calculs, avec un papier-monnaie quelconque, gagnant ou perdant sur la place, tel paiement que ce soit, stipulé en numéraire.

A l'usage des Négocians, Banquiers et Comptables de tous les Pays.

PAR LE CITOYEN AUBRY,
Géomètre et Libraire.

Cinq et quatre font neuf; ôtez deux, reste sept.
Boileau, Satyre VIII.

A PARIS,
Chez l'Auteur, rue Baillet, n°. 2,
près celle de la Monnaie.

AN VI DE LA RÉPUBLIQUE FRANÇAISE.

AVIS ESSENTIEL.

On ne parle jamais de décimes *dans* ce Barême. *Ils sont toujours appellés* centimes ; *c'est-à-dire, qu'un* décime *est toujours appellé* 10 centimes ; *deux* décimes, 20 centimes ; *et, qu'au lieu de dire, par exemple*, 3 décimes 5 centimes, et 4 décimes 9 centimes, *on prononce, dans le premier cas :* 35 centimes ; *et, dans le deuxième cas*, 49 centimes.

On engage tous ceux qui auront à se servir de notre Barême, à se conformer à cet avis, et à se persuader qu'ils simplifieront singulièrement par-là les calculs qu'ils auront à faire.

Ce sera la même chose pour les décimètres courans, quarrés ou cubes, *qui seront toujours appellés* centimètres, *ou plutôt* centi, *d'après la nomenclature proposée dans mon sixième Ouvrage sur les Mesures.*

AVERTISSEMENT

SUR CETTE SECONDE ÉDITION.

La première édition du *Barême* semblait en fixer l'usage au seul territoire de la République Française ; mais un examen plus approfondi vient de faire voir qu'il convient à toutes les Nations civilisées de la terre, et que chacune peut non-seulement le regarder comme son propre *Barême*, mais l'étendre à des milliers de cas qu'il ne m'est pas possible de prévoir : je laisse donc à mes Lecteurs le soin d'en faire eux-mêmes l'application à leurs besoins, en les assurant, que plus ils chercheront à s'y familiariser, plus ils y trouveront de propriétés et d'avantages.

Ils se garderont sur-tout de se plaindre du mot *Mono* dont je me sers pour exprimer l'unité monétaire de tous les pays : je ne pouvais que l'employer pour rendre des objets dont le nom varie autant qu'il y a de systêmes et qui ont continuellement besoin d'être comparés entre eux. Ce mot d'ailleurs est infiniment expressif; il désigne, par son dérivé du grec, l'unité fondamentale qui doit exister en tout, et plus particulièrement dans les calculs. Je les engage, au surplus, à lire attentivement l'ouvrage intitulé le *Systême des nouvelles Mesures, mis à la portée de tout le monde*, qui se trouve à la même adresse que ce *Barême*; ils verront combien ce mot est significatif, et combien ceux qui ont conçu le plan des nouvelles Mesures de France, se sont mis dans l'embarras, (et nous y ont mis en même tems) faute de s'en être *servi*, ou tout au moins d'un mot équivalent ; car j'y attache si peu d'importance, que je suis prêt à adopter celui que le moindre de nos Faiseurs voudra lui substituer.

TABLE DES CHAPITRES.

Fin de la Table.

LES TROIS RÈGLES GÉNÉRALES *ET FONDAMENTALES* DU BARÊME DÉCIMAL;

Ou Manière d'opérer sur les centimes*, les* dixaines de centimes *et les* francs, *sans se tromper.*

De l'opération sur les centimes, ou *Règle du 1er cas.*

Quand on opère sur les *Centimes*, comme quand on dit; à 47 *Centimes*, ou toute autre somme de *Centimes*, la chose, les deux derniers chiffres des *comptes-faits* sur la droite sont toujours des *Centimes*, et ceux sur la gauche, des *francs*. Et quand on en est aux *fractions*, les deux premiers chiffres sur la gauche ne sont jamais que des *Centimes*, et on néglige totalement les deux sur la droite, à moins que le premier des deux ne passe 5, parce qu'alors on ajoute un *Centime* de plus aux *Centimes* qui précèdent.

Ainsi, à 47 *Centimes* la chose, on écrit ainsi ses comptes-faits:

2 valent	0 fr.	94 centimes.
3	1.	41.
4	1	88
5	2.	35.
6	2	82. Ainsi du reste.

Et pour les fractions:

Les *trois quarts* valent . . . . 35 centimes.

Le *demi* 23

Le *quart* (en augmentant la quantité d'un centime, à cause du 7 qui suit les deux premiers chiffres 12

Le *huitième* (en l'augmentant *idem*, à cause du 8 qui suit le 5) 6

Les 2 *tiers* 31

Le *tiers* (en l'augmentant *idem* à cause du 6 qui suit 15) 16

Le *sixième* (en l'augmentant *idem* à cause du 8 qui suit le 7) 8

Le *douzième* (en l'augmentant *idem* à cause du 9 qui suit le 3) 4

De l'opération sur les dixaines de centimes, ou règle du deuxième cas.

Quand on opère sur les dixaines de centimes, comme quand on dit : à 4 francs 70 centimes, c'est-à-dire que la quantité 47 du Barême se trouve augmentée d'un zéro, au moyen de son décuplement, le dernier chiffre seul de la colonne des comptes faits, devient *dixaine de centimes*, et ceux sur la gauche, des *francs*; et quand on en est aux fractions, le premier chiffre sur la gauche représente toujours des francs, les deux d'ensuite, des *centimes*, et on est toujours dans l'usage de négliger le dernier chiffre sur la droite, à moins qu'il ne passe le nombre 5, parce qu'alors, comme dans la règle du premier cas, on ajoute un centime de plus aux centimes qui précèdent.

Ainsi, à 4 francs 70 centimes la chose, on écrit ses comptes faits ainsi qu'il suit :

2 valent	9	fr. 40	centimes
3	14	10	
4	18	80	
5	23	50	
6	28	20	Ainsi du

reste.

Et pour les fractions,

Les *trois quarts* valent	3	51
Le *demi*	2	35
Le *quart*	1	17
Le *huitième*	0	58
Les 2 *tiers*.	3	13
Le *tiers* (en augmentant la quantité d'un centime à cause du 7 qui suit 156)	1	57
Le *sixième*	0	78
Le *douzième*	0	39

De l'opération sur les Francs, ou *Règle du 3e. cas*

Quand on opère sur les *francs*, comme quand on dit : à 47 *francs*, ou toute autre somme de *francs* la chose, tous les chiffres de la colonne des comptes faits sont des *francs*. — Et quand on en est aux *fractions*, les deux premiers chiffres sur la gauche sont toujours des *francs*, et ceux sur la droite des *centimes*.

Ainsi à 47 francs la chose,

2 valent	94 fr.
3	141
4	188
5	235
6	282

Et pour les fractions :

Les *trois quarts*	35 fr.	25
Le *demi*	23	50
Le *quart*	11	75
Le *huitième*	5	87
Les 2 *tiers*	31	33

Le *tiers*	15	67
Le *sixième*	7	83
Le *douzième*	3	92

Quand on sait ces trois règles, on est bientôt familiarisé avec toutes les autres, sur-tout quand on est déjà exercé au *Barême*. On peut même se passer de l'instruction suivante, qui n'est donnée ici qu'à ceux qui ne se sont jamais servi de Barême et qui, par ce moyen, ont besoin d'en connaître toutes les propriétés.

BARÊME
DÉCIMAL,
OU LES COMPTES FAITS.

CHAPITRE Ier.

Forme du Barême Décimal.

COMME dans l'ancien Barême, chaque page contient trois choses,

LE PRIX,
LA QUANTITÉ,
LE COMPTE FAIT.

Le *prix* est toujours au haut du feuillet ; la *quantité* commence toujours la ligne ; le *compte fait* finit toujours la ligne.

Par le *prix*, il faut toujours entendre la valeur d'une chose, telle que d'un *mètre*, d'une *pinte*, d'une *livre*, d'un *cent*, d'un *millier*, d'une *toise*, etc. ;

Par la *quantité*, la marchandise à vendre ou à acheter ;

Par le *compte fait*, à combien le tout monte.

Enfin, comme dans l'ancien Barême, on obtient les *comptes faits* par une ou plusieurs recherches.

CHAPITRE II.

Avantages du Barême Décimal.

Dans le Barême Décimal on n'a besoin que de 100 pages pour faire tel compte que l'on voudra ;

dans l'ancien il en faut 450; l'abrégé même en contient 288.

Dans le Barême décimal les nouveaux *comptes faits* sont présentés dans une proportion égale, c'est-à-dire de *centimes en centimes*, de *dixaines de centimes* en *dixaines de centimes*, et de *francs* en *francs*. — Dans l'ancien Barême, (édition in-12), les deniers de la livre ne se suivent que jusqu'à 10 sols; après cette somme, ils ne sont plus présentés que de 3 deniers en 3 deniers jusqu'à 20 sols, de 6 deniers en 6 deniers jusqu'à 40 sols, de sols en sols jusqu'à six francs, de 2 sols 6 den. en 2 sols 6 den. jusqu'à 10 francs, de 5 sols en 5 sols jusqu'à 20 francs, et de livres en livres jusqu'à 100 francs. Et dans l'édition in-24, au lieu que les deniers de la livre se suivent jusqu'à 10 sols, ils ne se suivent que jusqu'à 1 sol.

Dans le Barême décimal, on n'a presque jamais qu'une seule recherche à faire, pour trouver tels *comptes faits* que l'on voudra depuis 1 centime jusqu'à 100 francs. — Dans l'ancien, il y a pour l'édition in-12, huit mille cas, sur vingt-quatre mille qui en exigent *trois*; et pour l'édition in-24 il y en a seize mille.

Dans le Barême décimal, le même nombre de *centimes*, de *dixaines de centimes*, et de *francs*, se trouve toujours à la même page. - Dans l'ancien Barême, (du moins dans l'in-24; car dans l'in-12, on n'a point numéroté les pages), ils ne s'y rencontrent jamais; 4 deniers se trouvent à la page 4, 4 sols à la page 24, et 4 livres à la page 132.

Dans le Barême décimal, la même colonne des comptes faits, sert pour les *centimes*, les *dixaines de centimes*, et les *francs*, en ayant seulement attention, quand on opère sur les *centimes*, de regarder les deux derniers chiffres des comptes faits sur la droite comme des *centimes*, et le surplus comme des francs: quand on opère sur les *dixaines de centimes*, de regarder le dernier chif-

fre

fre sur la droite comme des *dixaines de centime*, et le surplus sur la gauche comme des *francs*; et quand on opère sur les *francs*, de regarder la totalité des chiffres comme des *francs*. -- Dans l'ancien on a fait autant de colonnes particulieres qu'il y a de sorte de monnoies, et elles occupent autant de places différentes.

Dans le Barême décimal, en ne faisant que doubler les *centimes*, on les convertit en *sols* et en *déniers* avec une telle facilité que, quand on viendrait à supprimer cette nouvelle monnaie pour conserver l'ancienne, le *Barême décimal* serait encore d'une utilité plus grande que l'ancien.

Enfin, le Barême Décimal convient à tous les systêmes monétaires possibles; tandis que l'ancien ne convient qu'à la monnaie de France du tems des Rois.

CHAPITRE III.

Maniere particuliere de se servir du Barême décimal.

On obtient les *comptes faits* les plus ordinaires du commerce de la vie par une, deux, ou trois recherches, selon l'exigence des cas.

Des comptes faits *obtenus par une seule recherche.*

Trois cas se présentent ordinairement pour ce mode.

Celui des *centimes*, comme quand on dit: à 4 *centimes*, à 67 *centimes*, à 84 *centimes* la chose, etc.

Celui des *dixaines de centimes*, comme quand on dit: à 460 *centimes*, autrement à 4 *francs* 60 *centimes*; à 720 *centimes*, autrement à 7 *francs* 20 *cen-*

times ; et à 980 *centimes*, autrement à 9 *francs* 80 *centimes* la chose, etc.

Et celui des *francs à 1 et 2 chiffres*, comme quand on dit : à 3 *francs*, à 19 *francs*, et à 77 *francs* la chose, etc.

Ainsi du reste.

Des comptes faits *obtenus par deux recherches.*

Deux cas seulement se présentent pour ce mode.

Celui des *francs et centimes*, comme quand on dit : à 2 *francs* 28 *centimes*, à 84 *francs* 15 *centimes* la chose, etc.

Et celui des *francs à 3 et 4 chiffres*, comme quand on dit : à 873 *francs*, ou à 9374 *francs* la chose, etc., etc.

Des comptes faits *obtenus par trois recherches.*

Il n'y a volontiers qu'un seul cas pour ce mode.

Celui des *francs à 5 ou 6 chiffres*, comme quand on dit : à 36973 *francs*, ou à 745498 *francs* la chose, etc., etc.

Il y a bien celui de trois ou quatre chiffres aux *francs* et deux chiffres aux *centimes* ; mais comme on néglige assez volontiers les fractions jointes aux fortes sommes, cela fait qu'on n'en parle pas.

CHAPITRE IV.

Des Comptes faits obtenus par une seule recherche.

1er. *Cas.* Les Centimes.

Règle générale, dite du premier cas.

Quand on opère sur les *Centimes*, on distingue entre les *quantités entières* et les *fractions.*

Si les *quantités* sont *entieres*, tous les chiffres de la colonne des comptes faits sont des *centimes* qui s'expriment néanmoins en *francs* et *centimes*, moyennant que l'on regarde toujours les deux derniers chiffres vers la droite comme des *centimes*, et tous ceux de la gauche comme des *francs*.

Si les *quantités* sont des *fractions d'entier*, ou présentent des *fractions d'entier*, les deux derniers chiffres des fractions vers la droite, sont toujours des *centièmes de centimes* que l'on néglige; et les deux sur la gauche des *centimes* que l'on emploie.

Des quantités entières.

I *Exemple.* A 18 centimes le mètre de ruban, combien 34 mètres?

Réponse . . . . 6 fr. 12 centimes.

Allez, en effet, à 18 centimes (page 18) et cherchez à la ligne 34; vous y verrez vis-à-vis, 612, qui veulent dire que 34 mètres à 18 centimes, valent 612 centimes, c'est-à-dire (d'après la règle du premier cas,) 6 francs 12 centimes, autrement la somme indiquée ci-dessus.

II *Exemple.* A 86 centimes le grave (kilograme) de viande, combien 39? (1)

Réponse . . . . 33 fr. 54 centimes.

Allez, en effet, à 86 centimes (page 86) et cherchez à la ligne 39; vous y verrez vis-à-vis, 3354, qui veulent dire que 39 graves de viande à 86 centimes valent 3354 centimes, c'est-à-dire d'après la même règle, 33 francs, 54 centimes.

III *Exemple.* A 44 centimes le décigrave d'indigo, combien 48?

Réponse . . . . 21 fr. 12 centimes.

---

(1). On suppose ici que la *gramme* a repris sa véritable place, sous le nom de *grave*, et est devenu la nouvelle livre pésante, au lieu d'en être la millième partie.

Allez, en effet, à 44 centimes (page 44) et cherchez d'abord à la ligne 8, ensuite à la ligne 40, vous y trouverez les sommes de centimes qui suivent, savoir :

A la ligne 8, celle de . . . . . 352.
Et à la ligne 40, celle de 1760.

Total . . . . 2112 centi.

Dont, (suivant la même règle) les deux derniers chiffres vers la droite étant seuls des centimes, et les autres vers la gauche des francs, on obtient pour compte fait la somme susdite de 21 francs 12 centimes.

IV *Exemple.* A 78 centimes le litre (1) de vin, combien 367 ?

Réponse . . . . 286 fr. 26 centimes.

Allez, en effet, à 78 centimes (page 78) et cherchez d'abord à la ligne 7, ensuite à la ligne 60, ensuite à la ligne 300, vous y trouverez les sommes 546, 4680 et 23400, qui, additionnées ensemble, feront 28626 centimes, dont détachant, comme ci-dessus, les 2 derniers chiffres vers la droite pour en faire des centimes, on aura pour compte fait, la somme susdite de 286 fr. 26 centimes.

V *Exemple.* A 95 centimes le mètre de ruban de fil, combien 2589 ?

Réponse . . . . 2459 fr. 55 centimes.

Allez, en effet, à 95 centimes (page 95) et cherchez, d'abord à la ligne 9, ensuite à la ligne 80, ensuite à la ligne 500 et ensuite à la ligne 2000, vous y trouverez les sommes 855, 7600, 47500 et 190000, qui, additionnées ensemble, feront 245955 centimes, dont détachant, comme dessus, les deux derniers chiffres vers la droite pour en faire

---

(1) Le litre équivaut à peu de chose près à la pinte de Paris.

des centimes, on aura pour compte fait, la somme susdite de 2459 fr. 55 centimes.

Des fractions.

(Rappellons-nous que si les *quantités* sont des *fractions* d'entier, les deux derniers chiffres des *fractions* vers la droite sont toujours des *centièmes de centime* que l'on néglige, et les deux sur la gauche des *centimes* que l'on employe).

I *Exemple.* A 38 centimes la livre de fromage, combien 3 quarterons ?

Réponse . . . . 28 centimes.

Allez, en effet, à 38 centimes (page 38) et descendez au tableau des fractions, vous y trouverez vis-à-vis 3 quarts, 2850, dont retirant (suivant la règle) les deux derniers chiffres vers la droite, comme de peu de conséquence, puisqu'ils ne valent que 50 *centièmes de centimes*, autrement un *demi-centime*, il vous reste alors les 28 centimes ci-dessus, que vous écrivez.

II *Exemple.* A 89 centimes la livre de beurre, combien 17 livres 1 quart ?

Réponse . . . . 15 fr. 35 centimes.

Allez, en effet, à 89 centimes (page 89) et cherchez d'abord à la ligne 17, et ensuite au tableau des fractions au droit d'un quart, vous y trouverez les sommes qui suivent, savoir :

A la ligne 17 — 1513 centimes, ci 1513

Et à la fraction 1 quart 2225, dont (suivant la règle) retirant les deux derniers chiffres 25 qui ne sont d'aucune importance, puisqu'ils ne valent que le quart d'un centime, il reste 22 centimes que l'on place au-dessous des 2 derniers chiffres du nombre 1513 ci-dessus comme ceci 22

Ce qui fait venir pour total. 1535

Dont détachant, comme dessus, les deux derniers chiffres vers la droite pour en faire des centimes, on a pour compte fait la somme susdite de 15 fr. 35 centimes.

III *Exemple.* A 70 centimes la chose, combien 1 quart, combien une demie, combien 2 tiers, combien 1 douzième ; le tout réuni?

Réponse . . . . 1 fr. 5 centimes.

Cet exemple est pour faire voir, que si on peut négliger les centièmes de centime d'une fraction isolée, on ne doit pas le faire, quand leur réunion peut produire un et même plusieurs centimes de plus.

Allez, en effet, à 70 centimes (page 70) et cherchez au tableau des fractions, vous y trouverez que,

Le quart étant	1750	c.-à-d.	17 centi.	50 centièmes. de centi.
Le demi	3500	c.-à-d.	35	00
Les 2 tiers. . .	4667	c.-à-d.	46	67
Et le douzième	0583	c.-à-d.	5	83
Il vient pour total	10500	c.-à-d.	105 centi.	

Autrement une quantité plus grande de deux centimes que celle que l'on eût obtenue si l'on eût négligé les *centièmes de centime* à chaque fraction ; car il ne fût venu alors que 103 centimes.

2e. *Cas.* — LES DIXAINES DE CENTIMES.

Règle générale dite du IIe. cas.

Quand on opère sur les *dixaines de centime*, et que les *quantités* sont des entiers, tous les chiffres de la colonne des *comptes faits* sont des *dixaines de centimes*, qui s'expriment néanmoins en *francs* et *centimes*, moyennant que l'on regarde toujours le dernier chiffre vers la droite comme *dixaine de centime* et tous ceux de la gauche comme des *francs*.

Si les quantités sont des *fractions*, ou présentent des fractions, le dernier chiffre des fractions sur la droite représente des *dixièmes de centimes* que l'on néglige, les deux chiffres d'ensuite des *centimes*, et le quatrième sur la gauche des *francs*.

Des quantités entières.

I *Exemple.* A 1 franc 20 centimes le cent d'épingles, combien 18 cents ?

Réponse . . . . 21 francs 60 centimes.

Allez, en effet, (page 12) à 12 centimes (devenues 120 centimes, autrement 1 franc 20 centimes par l'addition d'un zéro) et cherchez à la ligne 18, vous y trouverez écrit, 216, qui font alors 216 dixaines de centimes, dont détachant (suivant la règle) le dernier chiffre sur la droite pour en faire des dixaines de centimes, il viendra alors pour la valeur de 18 cents d'épingles à 1 franc 20 centimes le cent, la somme susdite de 21 francs 60 centimes, c'est-à-dire que l'on peut ajouter tout simplement un zéro aux chiffres de la colonne des comptes faits, et opérer comme pour les centimes.

II *Exemple.* A 3 francs 40 centimes la paire de bas de coton, combien 78 ?

Réponse. . . . . 265 fr. 20 centimes.

Allez, en effet, (page [illegible]) à 34 centimes (devenus 340 centimes, autrement 3 francs 40 centimes par l'adition d'un zéro) et cherchez, d'abord, à la ligne 8, et ensuite à la ligne 70, vous y trouverez les sommes 272 et 2380 qui, additionnées ensemble, feront 2652 dixaines de centimes, dont détachant, comme dessus, le dernier chiffre sur la droite pour en faire des dixaines de centimes, il viendra alors pour la valeur des 78 paires de bas, à 3 fr. 40 centimes, la somme susdite de 265 francs 20 centimes.

III *Exemple.* A 9 fr. 50 centimes l'exemplaire d'un ouvrage en 2 volumes in-8°, combien 346 ?

Réponse . . . . 3287 fr. 00 centimes.

Allez, en effet, (page 95) à 95 centimes (devenues 950 centimes par l'addition d'un zéro) et cherchez, d'abord, à la ligne 6, ensuite à la ligne 40, et ensuite à la ligne 300, vous y trouverez les sommes 570, 3800 et 28500, qui, additionnées ensemble, feront 32870 dixaines de centimes, dont détachant également le dernier chiffre sur la droite, pour en faire des dixaines de centimes, il viendra alors pour la valeur des 346 exemplaires in-8°., à 9 francs 50 centimes, la somme susdite de 3287 franc 00 centimes.

Des Fractions.

I *Exemple.* A 6 francs 70 centimes la livre de vigogne, combien un quarteron ?

Réponse . . . . 1 fr. 67 centimes.

Allez, en effet, (page 67) à 67 centimes (devenues 670 centimes, autrement 6 fr. 70 centimes par l'addition d'un zéro) et descendez au tableau des fractions, vous y trouverez vis-à-vis 1 quart, 1675, dont retirant le dernier chiffre (comme de peu de valeur, puisqu'il ne vaut que la moitié d'un centime) il vous reste 167, dont les deux derniers chiffres étant (suivant la règle) des *centimes*, il vient la somme de 1 fr. 67 centimes pour le montant d'un quarteron de vigogne à 6 francs 70 centimes la livre.

II *Exemple.* A 7 francs 90 centimes le cent de foin, combien le demi-quarteron ?

Réponse. . . . . 0 fr. 99 centimes.

Allez, en effet, (page 79,) à 79 centimes (devenues 790 centimes, autrement 7 fr. 90 centimes par l'addition d'un zéro) et descendez au tableau des *fractions*, vous y trouverez vis-à-vis 1 huitième, (qui est la même chose que 1 demi-quarteron), 0988, dont retirant également le dernier chiffre 8, (ou plutôt le convertissant en un *centime*, pour l'ajouter aux 98 centimes qui précédent, puisqu'il ne s'en faut que d'un cinquième qu'il le vaille) il reste alors 099, dont les deux derniers chiffres étant (suivant la règle) des *centimes*, il vient alors la somme ci-dessus de 0 franc 99 centimes pour le montant d'un demi-quarteron de foin à 7 francs 90 centimes le cent.

3e. Cas. --- Les FRANCS.

Règle générale dite *du IIIe. Cas.*

Quand on opère sur les *francs*, et que les quantités sont des *entiers*, tous les chiffres de la colonne des comptes faits sont des *francs*.

Si les quantités sont des *fractions*, ou présentent des *fractions*, les deux derniers chiffres des fractions sur la droite sont toujours des *centimes*, et les deux premiers sur la gauche des *francs*.

Il est si aisé de se servir du Barême décimal, quand on n'opère que sur les francs seuls, que je n'en donnerai aucun exemple; je préviendrai seulement, que toutes les fois qu'il y a des *centimes* joints aux francs, on ne peut plus trouver les comptes faits par une seule recherche, mais par le moyen de deux et de trois, selon le nombre de chiffres; et je ferai remarquer ensuite, que quand il y a plus de six chiffres au prix, et plus de deux à la quantité, il y a plus d'avantage à faire la multiplication ordinaire, qu'à se servir du Barême.

CHAPITRE V.

Des Comptes faits obtenus par deux recherches.

I *Exemple*. A 4 francs 54 centimes le décalitre de lentilles, combien 64?

Réponse . . . . 290 fr. 56 centimes.

Première Recherche.

Allez à 4 francs, (page 4) et cherchez, d'abord à la ligne 4, et ensuite à la ligne 60, vous y trouverez les sommes suivantes, 16 et 240, qui, additionnées ensemble, feront la somme de 256 francs que vous porterez hors ligne comme ici . . . . 256 francs.

Seconde Recherche.

Allez ensuite à 54 centimes, (page 54,) et cherchez aux mêmes lignes, vous y trouverez 216 et 3240, qui, additionnés ensemble, feront 3456 *centimes*, dont retirant les deux derniers chiffres vers la droite pour les détacher des francs, (puisque l'on opère ici sur les *centimes*,) il viendra alors 34 fr. 56 centimes, qui étant écrits sous 256 fr. de manière que les *francs* soient sous les *francs*, et les *centimes* en avant sur la droite, comme ceci . . . . 34 fr. 56 c.

Il viendra pour total . . . . 290 fr. 56 c.

C'est-à-dire la même somme que celle ci-dessus.

II *Exemple*. A 28 francs 86 centimes l'aune de drap, combien 472 ?

Réponse . . . . 13621 fr. 92 c.

Première Recherche.

Allez à 28 francs, (page 28,) vous y trouverez vis-à-vis les lignes 2, 70 et 400, les sommes suivantes, 56, 1960, et 11200, qui, additionnées ensemble, feront 13216 francs, que vous porterez hors ligne comme ici . . . 13216 fr.

Seconde Recherche.

Allez ensuite à 86 centimes, (page 86,) vous trouverez au droit des mêmes lignes les som-

D'autre part . . . . 13216 fr.

mes suivantes, 172, 6020 et 34400, qui, additionnées ensemble, feront 40592 centimes, dont retirant les deux derniers chiffres vers la droite pour les détacher des francs, il viendra alors 405 fr. 92 centimes, qui, étant écrits comme dans l'exemple précédent, ci . . . . 405 fr. 92 c.

Il viendra pour total . . . . 13621 fr. 92 c.
même somme que celle ci-dessus.

CHAPITRE VI.

Des Comptes faits obtenus par trois recherches.

Exemple unique. A 28956 francs l'équipement d'un bataillon, combien celui de 86 ?

Réponse . . . . 2,490216 fr.

Première Recherche.

Allez d'abord (page 28,) c'est-à-dire à 28 francs augmentés de 3 zéros pour avoir 28000 fr. (car il est bon de savoir qu'en même temps que les nombres qui sont en tête de chaque page représentent des *centimes*, des *dizaines de centimes* et des *francs*, ils peuvent encore, à l'aide des zéros qu'on leur ajoute, représenter des *pistoles*, des *centaines de francs*, des *milliers de francs*, des *dix milliers de francs*, des *centaines de mille francs*, des *millions* et des *milliards*;) vous y trouverez vis-à-vis les lignes 6 et 80, les sommes suivantes, 168 et 2240, qui, additionnées ensemble, feront comme de raison, 2408 *milliers de francs*, c'est-à-dire . . . 2,408000 fr.

De l'autre part. . . . . 2, 408000 fr.

Seconde Recherche.

Allez ensuite (page 95,) c'est-à-dire à 95 francs augmentés d'un zéro (puisque, dans l'exemple proposé, ces deux chiffres sont des dixaines de francs) pour avoir 950 francs, vous trouverez vis-à-vis les mêmes lignes, les sommes suivantes, 570 et 7600, qui, additionnées ensemble, feront 8170 dixaines de francs, autrement, en ajoutant un zéro . . 81700 fr.

Troisième Recherche.

Allez enfin à 6 fr. (page 6,) vous trouverez vis-à-vis les mêmes lignes les sommes suivantes, 36 et 480, qui, additionnées ensemble, feront 516 fr., ci . . . . 516 fr.

Lesquelles trois sommes additionnées ensemble produisant . . . . . 2,490216 fr.

On aura obtenu le même résultat que ci-dessus.

Ce seul exemple doit suffire pour faire voir que l'on pourroit trouver aussi facilement le *compte fait* d'une marchandise qui aurait 6 chiffres et plus, moyennant que l'on ajouterait aux *comptes faits*, autant de zéros que les chiffres ont de valeur ; comme, par exemple, de 6 zéros, quand les deux premiers valent des millions, 5 zéros quand ils valent des centaines de milliers, 4 zéros, quand ils valent des dixaines de milliers, etc. Mais qui ne sent pas, que ceux qui ont de semblables calculs à faire, savent très-bien arithmétique, et qu'ils n'ont point par conséquent besoin du Barême ? Je n'en dirai donc pas davantage.

CHAP.

CHAPITRE VII.

Des Fractions de Francs.

Exemple unique. A 34 francs l'aune de drap de Louviers, combien deux tiers ?

Réponse : . . . . 22 fr. 67 c.

Allez en effet à 34 francs, (page 34 ;) vous y trouverez écrit au droit de deux tiers, 2267, dont retirant, (selon la règle du 3e. cas) les deux derniers chiffres vers la droite pour en faire des centimes, il vient alors pour la valeur des deux tiers la somme susdite de 22 fr. 67 c.

Je ne donne que ce seul exemple. Il seroit ridicule en effet de chercher dans le *Barême* le quart, ou le tiers, ou les trois quarts d'une somme qui exigeroit plusieurs recherches, puisque l'on a infiniment plutôt fait de faire la règle comme à l'ordinaire. Je dirai seulement que si le drap eût valu quelques centimes de plus, on aurait opéré pour les centimes, suivant la règle du 1er cas, et on aurait additionné les deux opérations ensemble.

CHAPITRE VIII.

Manière de se servir du Barême décimal *pour compter à l'ancien style, c'est-à-dire par* sols *et* deniers.

Règle générale.

Quand vous voulez compter par sols et deniers jusqu'à 20 sols, et *que vous ne recherchez pas une grande précision*, regardez au bas de chaque feuillet sur la gauche, vous trouverez les deniers de la livre présentés de 2 deniers 4 dixiemes en 2 deniers 4 dixiemes jusqu'à 20 sols ; ce qui vous indique qu'il faut pour l'appréciation des chiffres de la célonne des *comptes faits*, vous servir de la règle du Ier. cas.

Mais quand vous voulez des calculs exacts, regardez alors chaque page du Barême comme représentant des *deniers*, des *dixaines de deniers*, des *centaines de deniers*, et même des *dixièmes* et des *centièmes*. La fraction *le douzième*, qui se trouve à chaque page, vous indiquera sans effort de tête, le nombre de sols que ces deniers comportent, et tout le monde sait qu'il n'est rien de si aisé que de trouver le nombre de francs dont est composé un nombre quelconque de sols.

Quand vous ne voulez compter que par sols au-dessus de 20 sols, regardez au bas des mêmes feuillets sur la droite, vous les trouverez présentés de 2 sols en 2 sols jusqu'à 10 liv., ce qui vous indique encore qu'il faut, pour l'appréciation des chiffres de la colonne des comptes faits, vous servir de la règle du IIe. Cas.

§ I. *De la manière d'opérer sur les* sols *et* deniers *jusqu'à 20 sols.*

1 *Exemple.* A 6 den. la chose, combien 36 ?
Réponse. . . . . 18 s.

Allez page 6, qui représente alors des deniers vous y trouverez au droit de 36 le nombre 216, qui veut dire, que 36 fois 6 deniers font 216 deniers.

Or, si vous allez à la page 21, c'est-à-dire à celle des deux premiers chiffres de 216, (devenus 210 par leur décuplement) vous verrez en descendant à la fraction le *douzième* les chiffres suivans 0175 qui signifieront que 216 deniers valent

17 sous 6 dixaines, ou plutôt 17 sous et demi, autrement 17 sous 6 deniers, ci . . . . 17 s. 6 d.

A quoi joignant les 6 deniers de surplus, puisqu'il y en a 216 et non 210, ci 6 d.

Il vient en total comme ci-dessus . . 18 s.

II *Exemple.* A 3 s. 9 d. la chose, combien 82 ?

Réponse. . . . . 15 l. 7 s. 6 d.

Cette opération se fait en deux recherches.

Première Recherche.

Allez pour les 3 sols (page 15) vous y trouverez au bas, sur la gauche, cette somme écrite, qui vous indiquera que vous pouvez opérer sur cette page; vous cherchez alors aux lignes 2 et 80 pour y prendre les sommes 30 et 1200, qui, additionnées ensemble, feront 1230 centimes; autrement (suivant la règle du Ier. Cas) 12 liv. 30 centimes, c'est-à-dire en doublant les centimes et retranchant le dernier zéro, 12 l. 6 s.

Seconde Recherche.

Allez ensuite pour les 9 deniers (page 9) qui représente dans cette circonstance des den., vous y trouverez au droit de 2 le nombre 18, et au droit de 80 celui 720 qui, étant additionnés ensemble, feront la somme de 738 deniers.

Or, si vous allez à la page 73, c'est-à-dire a celle des 2 premiers chiffres de 738, devenus 730 par leur décuplement, vous y verrez en descendant à la fraction *le douzième*, les chiffres suivans 0608 qui signifieront que 730 deniers valent 60 sous, 8 dixièmes, autrement 3 liv. 10 deniers, ci . . . . 3 l. 0 s. 10

De l'autre part. . . . . 15 l. 6 s. 10 d.
Et qu'en ajoutant les 8 deniers
qui manquent aux 730 deniers, ci . . . . . 8 d.

On a pour total exact celui ci-dessus de . . . . 15 l. 7 s. 6 d.

III *Exemple*. A 19 sols 3 den. la chose, combien 459 ?

Réponse. . . . . 441 l. 15 s. 6 d.

Première Recherche.

Allez pour les 19 s. (page 95) vous y trouverez au bas sur la gauche, cette somme qui vous indiquera que vous devez opérer sur cette page. Vous chercherez alors aux lignes 9, 50 et 400, pour y prendre les sommes 855, 4750, 38000, qui, additionnées ensemble, feront 43605 centimes, autrement (suivant la règle du Ier. Cas) 436 fr. 05 centimes ; c'est-à-dire en ancien style, (par le moyen du doublage des centimes,) 436 l. 1 s.

Seconde Recherche.

Allez ensuite pour les 3 deniers (page 3) qui représente alors des deniers, d'après la remarque faite à l'exemple qui précède ; vous y trouverez vis-à-vis les mêmes lignes 9, 50 et 400, les sommes suivantes : 27, 150 et 1200, qui, additionnées ensemble, feront la somme de 1377 deniers.

Or, si vous allez à la page 13, c'est-à-dire à celle des deux premiers chiffres (devenus 1300 par leur déculement) vous y verrez en descendant à la fraction le *douzième*, les chiffres suivans 0108 qui signifieront que 1300 deniers, valent 0108 sols,

Ci-contre . . . . 436 l. 1
autrement 5 liv. 8 sols, ci. . . . . . . 5 8 s.
A quoi ajoutant pour les 77 deniers manquant 6 sous 6 deniers, ci. . . . . 6 s. 6 d.

On obtient le total exact ci-dessus de 441 l. 15 s. 6 d.

§ II. De la manière d'opérer sur les sols seulement.

I *Exemple.* A 15 sols la chose, combien 573?
Réponse. . . . . 429 liv. 15 s.

Allez (page 75) vous y trouverez au bas 15 sols; et comme en cherchant aux lignes 3, 70 et 500, vous y trouvez 225, 5250 et 37500, qui, additionnés ensemble, font 42975 centimes, c'est-à-dire, (d'après la règle du Ier. cas) 429 francs 75 centimes, vous ne faites que doubler 75 centimes pour avoir 150, c'est-à-dire 15 s. qui, joints aux francs, font alors la somme susdite de 429 liv. 15 s.

II *Exemple.* A 8 liv. 7 sols la chose, combien 31?
Réponse . . . . 258 liv. 17 sols.
Allez d'abord à 8 liv. (page 8) et cherchez à la ligne 31, vous y trouvez 248, qui au moyen de ce que vous opérez sur les francs, valent 248 fr.
Allez ensuite (page 35) vous y trouverez au bas 7 sols, et comme en cherchant à la même ligne 31, vous y trouvez 1085, qui, (d'après la règle du Ier. cas) valent 10 francs 85 centimes, vous ne faites que doubler les 85 centimes pour avoir 170, c'est-à-dire, 17 sols o fractions de sols; or, en ajoutant 10 l. 17 à 248 fr. ci. . . . . 10 l. 17 s.

Il vient pour total comme ci-dessus 258 l. 17 s.

On voit qu'il a fallu deux recherches pour obtenir le compte fait qui précède, mais cela vient de ce que le nombre des sols est impair. S'il avait été pair, comme dans les exemples III et IV qui suivent, on n'aurait eu qu'une seule recherche à faire, moyennant qu'on aurait regardé les chiffres des comptes faits, comme des dixaines de centimes, c'est-à-dire, comme des francs dont le dernier chiffre vers la droite ne vaut jamais que des dixaines de centimes.

III *Exemple*. A 8 liv. 8 sols la chose, combien quatre?

Réponse .... 33 liv. 12 sols.

Allez en effet (page 84) vous y trouverez au bas, sur la droite, 8 liv. 8 s.; et comme en allant à la ligne 4, vous y trouvez 336, qui, (d'après la règle du 2e. cas) valent 33 francs 60 centimes, vous ne faites que doubler ces centimes pour avoir 120, c'est-à-dire, 12 sols 0 fractions de sols, total comme ci-dessus, 33 liv. 12 sols.

IV *Exemple*. A 9 liv. 18 sols la chose, combien 60?

Réponse .... 594 liv. 00.

Allez en effet (page 99), vous y trouverez au bas sur la droite, 9 liv. 18 sols; et comme en allant à la ligne 60, vous y trouvez 5940 qui, (d'après la règle du second cas) valent 594 fr. 0 centimes, vous ne faites que l'écrire, sans autre travail.

Ve *et dernier Exemple* (*à deux recherches*). A 84 l. 16 sols la chose, combien 243?

Réponse .... 20606 liv. 8 sols.

Première Recherche.

Allez en effet (page 84) vous trouverez en cherchant aux lignes 3, 40 et 200, les sommes suivantes, 252, 3360 et 16800 qui, additionnées ensemble, feront (suivant la règle du troisième cas) . . . . 20412 liv.

Deuxième Recherche.

Allez ensuite (page 8) au bas de laquelle, sur la droite, on voit écrit 16 sols, et cherchez aux mêmes lignes, vous y trouverez 64, 320 et 1600, qui, additionnés ensemble, font, (suivant la règle du second cas) 1944 dixaines de centimes, autrement 194 francs 40 centimes; or, comme 40 centimes doublés font 80, c'est-à-dire, 8 sols 0 fraction de sols, on écrit ainsi ce dernier compte fait . . . . 194 l. 8

Alors il vient pour total . . . . . 20606 l. 8

C'est-à-dire la même somme que ci-dessus.

CHAPITRE IX.

Maniere de réduire les deniers, et d'appliquer le Barême décimal *aux changes étrangers.*

J'aurais dû borner mes exemples à ce qui précède; mais comme je veux démontrer de la manière la plus évidente que mon Barême remplacera l'ancien, dans tous les cas, et qu'il lui est même presque toujours préférable; je vais présenter ici les exemples de l'ancien Barême, qui n'ont rien de commun avec ceux précédemment donnés, et qui feront voir que j'ai résolu tous les cas qu'il a présentés.

Je me servirai de ses propres exemples.

Ier. *Exemple.*--Réduction *de deniers.*

Pour savoir combien valent 400 deniers, voyez (page 40) devenue 400 par son décuplement et descendez aux fractions, vous verrez au droit de celle appellée le *douzième* les chiffres 0333, qui veulent dire que 400 deniers font 33 sols 3 dixièmes de sols, c'est-à-dire 33 sols 1 tiers, autrement 33 sols 4 deniers, comme dans l'ancien Barême.

2e. *Exemple.* -- Prendre les 3 deniers pour livre de 4000 *liv. qu'on doit payer à l'officier des troupes.*

N'est-il pas vrai de dire que si c'étoit le sol pour livre qu'on eût à prélever, on ne feroit que retirer le dernier zéro de la somme, et prendre la moitié du surplus, ce qui procureroit alors 200 liv. -- Eh bien! allez (page 20 que vous transformez en 200 par l'addition d'un zéro) la règle du second cas vous fait voir que les 3 douzièmes, autrement le quart de 200 liv. est 500, c'est-à-dire (par la règle du second cas) 50 fr. 0 centimes.

3e. *Exemple.* -- Prendre les 5 deniers pour livre de 300000.

Le sol pour livre étant, comme on vient de voir, la moitié de la somme diminuée du dernier chiffre, il est évident qu'il viendra au quotient, après cette déduction, 15000 liv. Eh bien! prenez encore moitié de cette somme; c'est-à-dire 7500, et allez (page 75), vous trouverez au droit de la fraction *le douzième* 0625 qui vous diront que les 5 deniers pour livre de 300000 sont 6250 liv.

4e. *Exemple.* – POUR LES FINANCIERS.

J'ai à prendre les 7 sols 5 den. pour livre de 27000.

Cherchez, page 37, au bas de laquelle, sur la gauche, est écrit : à 7 sols 4 den. 8 dixièmes, vous trouvez, par la règle du premier cas, la valeur, savoir :

A la ligne 2000 (devenue 20000 par son décuplement) 740000

Et à la ligne 7000 259000

qui additionnés ensemble, donnent pour total 999000, c'est-à-dire d'après la règle du premier cas . . . . 9990 l. 00

A quoi ajoutant les 27000 fois deux dixièmes de deniers qui manquent, autrement 54000 dix., faisant 5400 den. qui, d'après la fraction *le douzième* de la page 54, devenue 5400 par l'addition de deux zéros ou son centuplement, valent 4500 sols, autrement 22 fr. 10 sols, ci . . . . 22 l. 10 s.

Il vient alors pour total . . . 10012 l. 10 s.

C'est-à-dire la même somme que dans l'ancien Barême.

5e. *Exemple.* – APPLICATION SUR LES CHANGES ÉTRANGERS.

J'ai à remettre 4500 liv. de France à Amsterdam, le change étant à 74 deniers de gros pour un écu de France ; savoir combien on en fera toucher de livres, sols et deniers de gros en Hollande ?

Réponse . . . . 462 l. 10 sols de gros.

Voici ce qu'il faut faire sur ce livre pour trouver ce produit.

Il faut premièrement réduire en écus de 3 livres des 4500 liv.

Prenant le tiers, viendra . . . . . 1500 écus.

Les 74 deniers, ou 6 s. 2 d., c'est la même chose.

Cherchez à 6 s. 2 d. 4 dix., c'est-à-dire page 31, vous trouverez que 1000 valent, d'après la règle du premier cas . . . . 310 l. 00 s.

et que 500 valent . . . . 155 00 s.

Total . . . . 465 l. 00 s.

Dont retirant quatre fois 1500 dixièmes de deniers faisant 6000 dixièmes, autrement 600 den. qui valent 50 sols d'après la fraction, *le douzième* de la page 60 devenu 600 par son décuplement, ci. . . . . 2 l. 10 s.

Il reste, comme dans l'ancien Barême . . . . 462 l. 10 s.

6e. *Exemple*. – CHANGE AVEC FRACTIONS.

J'ai 4600 écus de 3 liv. à remettre à Londres, le change étant à 42 den. trois quarts sterlings pour un écu de 60 s.

L'on demande combien l'on fera toucher de livres, sols et deniers sterlings à Londres ?

Réponse. . . . . 838 l. 10 s. 6 d. sterl.

Voici ce qu'il faut faire sur ce livre pour trouver ce produit.

Les 43 den. trois quarts, ou 3 s. 7 d. trois quarts, c'est la même chose.

Cherchez premièrement sur ce livre, à 3 sols 7 deniers 2 dix. la chose, c'est-à-dire, allez page 18, vous y trouverez,

que les 4000 valent, suivant la règle du premier cas . . . . 720 l. 00
et que 600 valent, *idem*, ... 108 00

Total. . 828 00

Allez ensuite page 55, à 55 centièmes de deniers la chose, c'est-à-dire à la fraction qui doit parfaire les trois quarts de deniers, vous trouverez également

que 4000 valent. . . 220000
et 600 33000

Total . . . . . 253000 centièmes de den.

c'est-à-dire 2530 deniers.

Or comme le 12 de 2530, suivant la page 25, est de 208 s.
et qu'en y joignant les 30 d. ci-dessus, cela fait . . 2 s. 6 d.

il vient pour ce second total. . . . . 210 s. 6 d. ci 10 l. 10 s. 6

qui joints au premier total, font . . 838 l. 10 s. 6 laquelle somme diffère, à la vérité, de 4 deniers de celle portée en l'ancien Barême, mais par une raison toute à l'avantage du nouveau Barême; c'est que l'opération a été parfaitement exacte, au lieu que l'ancien Barême a présenté des comptes faits qui ne l'étoient rigoureusement pas.

On ne croit pas nécessaire de pousser plus loin les exemples de ce Barême. Il y en a sans doute assez pour ceux qui voudront adopter le calcul Décimal; quant à ceux qui ont des préventions contraires, plus on leur en diroit, plus ils croiroient qu'on veut les tromper. Il faut laisser au tems et à l'expérience à les désabuser. Ils ont toujours été le *grand maître* en toutes choses ; il faut croire qu'ils le seront encore dans cette circonstance.

CHAPITRE X.

Application du Barême décimal *à toutes les monnaies et mesures étrangères possibles, par le moyen d'une table servant à réduire en* centimales *toutes monnaies et mesures inférieures à celles que l'on a prises pour l'unité. Cette table se trouve placée à la fin.*

Exemple relatif à l'Angleterre.

Soit supposée une étoffe d'Angleterre, valant 6 schellings 5 pennys, on demande combien doivent coûter 12 yards (aune de Londres) de cette étoffe ?

Réponse. . . . . . . 76,04 schellings.

SOLUTION.

On sait qu'en Angleterre il faut 12 pennys au schelling ; c'est donc dire que 5 pennys sont la même chose que 5-12es. Or si on consulte la Table générale de réduction placée à la fin, on verra que 5-12es. faisant 0,42, on doit écrire 6 schellings 5 pennys en décimale 6, 42, ainsi qu'il suit.

Ensorte

Ensorte que si on se pénetre bien que les chiffres placés à la gauche de la virgule sont des monos (1), et ceux placés à droite, des centiemes de monos, on n'aura plus de peine à concevoir qu'en allant à la page 6, et en descendant au nombre 12, nombre des yards d'étoffe à multiplier, on aura (par la regle du 3e. cas) une premiere somme de 72 schellings, ci............... 72 schellings.

De même qu'en allant à la page 42, et descendant également à 12, nombre des mêmes yards, on aura (par la regle du premier cas) 5,04 schell.

Total................... 77,04 schell.

C'est-à-dire, 77 schellings et la moitié environ d'un penny.

Cette marche devra être constamment adoptée pour tous les exemples qui suivent.

Exemple pour la Hollande.

On veut savoir combien 15 viertels de bierre d'Amsterdam, à 5 florins goulde 17 stuyvers, font de florins goulde à payer?

Réponse................ 87,75 florins goulde.

SOLUTION.

Puisqu'il faut 20 stuyvers au florin goulde, c'est dire que que 17 stuyvers font la même chose que 17-20es.

Or, si on consulte la même table placée à la fin, on verra que 17-20es. faisant 0,85; c'est alors 5,85 florsns que coûte chaque viertel, et qui s'expriment ainsi en décimales :

5,85

Si donc conformément à l'exemple qui précède

(1) Voyez ce que j'ai dit des *monos* à différens endroits de cet ouvrage.

on va d'abord à la page 5 (en opérant par le 3e. cas) et à la page 85 (en opérant par le 1er.), on verra, en faisant les recherches nécessaires, que 5 viertels de bierre à 5,85 florins goulde (qui sont la même chose que 5 florins 17 stuyvers) font juste 87,75 florins, c'est-à-dire 87 florins 75 centiemes, autrement 87 florins gouldes 15 stuyvers.

Exemple pour la Suisse.

36 ohms de vin ont coûté à Bâle 5 rixdalers 16 batz chacun, on demande combien l'on doit payer?

Réponse.......................... 199,08 rixdalers.

SOLUTION.

On sait qu'à Bale il faut 30 batz au rixdaler, c'est donc dire que 16 batz sont la même chose que 16-30es. ou 8-15es. Or, si l'on consulte la même table, on verra que 8-15es faisant 0,53, on doit écrire 5 rixdalers 16 batz en décimale ainsi qu'il suit:

5,53

Ensorte que si l'on va d'abord à la page 5 (1er. cas) ensuite à la page 53 (3e. cas) on verra que 36 ohms à 5,53 rixdalers (qui sont la même chose que 5 rixdalers 16 batz) font 199,08 rixdalers, c'est-à-dire 199 rixdalers 8 centiemes, ou plutôt 199 rixdalers et près de 3 batz.

Exemple pour l'Espagne.

22 livres de laine d'Espagne ont coûté chacune 15 réaux 12 maravedis, on demande ce que l'on doit payer.

Réponse.......................... 337,70 réaux.

SOLUTION.

On sait qu'en Espagne il faut 34 maravedis au réal de vellon; c'est donc dire que 12 maravedis sont la même chose que 12-34es. de réal ou 6-17es. Or, si l'on consulte cette même table, on verra que 6-17es. faisant 0,35 ; on doit écrire 15 réaux 12 maravedis en décimales ainsi qu'il suit :

15,35

Ensorte que si l'on va d'abord à la page 15 (3e. cas), ensuite à la page 35 (1er. cas) on verra que 22 livres de laine à 15,35 réaux, qui sont la même chose que 15 réaux 12 maravedis) font 337,70 réaux, c'est-à-dire 337 réaux 70 centiemes, autrement 337 réaux et un peu plus des deux tiers.

Exemple pour le Portugal.

32 bracas ou brasses d'étoffe ont été vendues à raison de 3 crusades neuves et 6 réaux et demi le braca, on demande ce que l'on doit payer?

Réponse.............. 116,80 crusades neuves.

S O L U T I O N.

La crusade neuve étant composée de 10 réaux ; il est clair que d'après la table de réduction, 6 réaux feront 6-10es., ou 0,60, et un demi réal un 20e. ; ou 0,05, au total 0,65, qui feront écrire en décimales le prix de la brasse ainsi qu'il suit :

3,65

Ce qui voudra dire qu'en allant d'abord à la page 3 (3e. cas) et ensuite à la page 65 (1er. cas) on verra que 32 brasses à 3,65 crusades neuves (qui sont la même chose que 3 crusades neuves et 6 réaux et demi) font 116,80 crusades neuves; c'est-à-dire 116 crusades neuves 80 centiemes, ou plutôt 116 crusades neuves et 8 réaux.

Exemple pour le Piémont.

19 rubbis d'huile ont coûté chacun 38 florins 7 sous, on demande combien l'on doit payer?

Réponse.......................... 733,02 florins.

S O L U T I O N.

Puisqu'en Piémont le florin vaut 12 sols, il est

clair que 7 sols valent 7-12es. Consultez donc la même table de réduction, vous verrez que 7-12es. valant 0,58, le prix du rubbi d'huile en décimales est :

38,58

Si donc vous allez d'abord à la page 38 (3e. cas) et ensuite à la page 58 (1er. cas) vous verrez que 19 rubis à 38,58/florins (qui sont la même chose que 38 florins 7 sols) font 733 florins 2 centiemes.

Exemple pour Venise.

34 secchis de vin ont coûté, chacun 12 lirrazas 16 soldis, on demande ce que l'on doit payer ?

Réponse.............................. 426,02 lirrazas.

SOLUTION.

Puisqu'à Venise il faut 30 soldis au lirraza, il est démontré que 16 soldis font 16-30es. de lirraza, autrement 8-15es. En allant donc à la table de réduction, on verra que 8-15es. valant 0,53, on doit écrire en décimales les 12 lirrazas 16 soldis ainsi qu'il suit :

12,53

Ensorte que si vous allez d'abord à la page 12 (3e. cas), et ensuite à la page 53 (1er. cas) vous verrez que 34 secchis de vin à 12,53 lirrazas chacun (qui sont la même chose que 12 lirrazas 16 soldis) font 426 lirrazas et 2 centiemes.

Exemple pour Rome.

25 rubbios de bled ont coûté chacun 3 ducats d'or et 9 jules, on demande ce que l'on doit payer pour le tout ?

Réponse.............................. 89 ducats d'or.

SOLUTION.

Puisqu'il faut 16 jules au ducat, il est démontré que 9 jules font 9-16es. En allant donc à la table de réduction, on verra que 9-16es. valant 0,56, on doit écrire, en décimales, les 3 ducats d'or et 9 jules ainsi qu'il suit :

3,56

Ensorte que si l'on va d'abord à la page 3 (3e. cas) et ensuite à la page 56 (1er. cas) on verra que 25 rubbios de bled à 3,56 ducats d'or (qui sont la même chose que 3 ducats d'or et 9 jules) font 89 ducats d'or.

Exemple pour l'Autriche.

26 muths d'avoine ont coûté chacun 23 rixdalers 14 gros courans, on demande ce que l'on doit payer ?

Réponse.......... 610,22 rixdalers courans.

SOLUTION.

Puisqu'à Vienne en Autriche il faut 30 gros au rixdaler, il est clair que 14 gros font 14-30es. ou 7-15es. En allant donc à la table, on verra que 7-15es. valant 0,47, on doit écrire en décimales les 23 rixdalers 14 gros ainsi qu'il suit :

23,47

Ensorte que si l'on va d'abord à la page 23 (3e. cas) et ensuite à la page 47 (1er. cas) on verra que 25 muths d'avoine à 23,47 rixdalers courans (qui sont la même chose que 23 rixdalers 14 gros) font 610,22 rixdalers courans, c'est-à-dire 610 rixdalers et à-peu-près 7 gros.

Exemple pour Hambourg.

35 lispunds de sucre ont coûté chacun 17 marcs 7 lubs, on demande ce que l'on doit payer ?

Réponse................. 610,40 marcs lubs.

SOLUTION.

Puisqu'à Hambourg il faut 16 lubs au marc lubs, il est clair que 7 lubs font 7-16es. En allant donc à la table, on verra que 7-16es. valant 0,44, on doit écrire, en décimales, les 17 marcs 7 lubs ainsi qu'il suit :

17,44

Ensorte que si l'on va d'abord à la page 17 (3e. cas) et ensuite à la page 44 (1er. cas) on verra que 35 lispunds de sucre à 17,44 marcs lubs (qui sont la même chose que 17 marcs 9 lubs) font 610,40 marcs lubs, c'est-à-dire 610 marcs lubs et quatre dixiemes ou 6 lubs environ.

Exemple pour la Prusse.

On a acheté 28 douzaines de limes à raison de 3 rixdalers 14 bons gros la douzaine, on demande ce que l'on doit payer ?

Réponse.......................... 100,24 rixdalers.

SOLUTION.

Puisqu'à Berlin il faut 24 bons gros au rixdaler, il est clair que 14 bons gros font 14-24es. ou 7-12es. En allant donc à la table de réduction, on verra que 7-12es. valant 0,58, on doit écrire en décimales les 3 rixdalers 14 bons gros, ainsi qu'il suit :

3,58

Ensorte que si l'on va d'abord à la page 3 (3e. cas) et ensuite à la page 58 (1er. cas) on verra que 28 douzaines de limes à 3,58 rixdalers la douzaine (qui sont la même chose que 3 rixdalers 14 bons gros) font 100,24 rixdalers, c'est-à-dire 100 rixdalers et bien près de 6 bons gros.

Exemple pour Dantzick.

On est convenu de payer 27 lasts de bled à 35 dallers espece 4 florins, on demande ce qu'il faudra débourser ?

Réponse.......................... 966,60 dallers.

SOLUTION.

Puisqu'à Dantzick il faut 5 florins au daller espece, il est clair que 4 florins font 4-5es. En allant donc à la table de réduction, on verra que 4-5es. valant 0,80, on doit écrire en décimales les 35 dallers espece 4 florins ainsi qu'il suit :

35,80

Ensorte que si l'on va d'abord à la page 35 (3e. cas) et ensuite à la page 80 (1er. cas) on verra que 27 lasts de bled à 35,80 dallers espece (qui sont la même chose que 35 dallers 4 florins) font 966,60 dallers espece, c'est-à-dire 966 dallers 3 florins.

Exemple pour la Suede.

On a acheté 80 schippunds pesant de cuivre rouge à raison de 18 dallers 3 marcs d'argent, on demande combien on a de dallers d'argent à payer.

Réponse................ 1500 dallers d'argent.

SOLUTION.

Puisqu'en Suede il faut 4 marcs d'argent au daller d'argent, il est clair que 3 marcs font 3-4. En allant donc à la table, on verra que 3-4 valant 0,75, on doit écrire en décimales les 18 dallers 3 marcs d'argent, ainsi qu'il suit :

18,75

Ensorte que si l'on va d'abord à la page 18 (3e. cas) et ensuite à la page 75 (1er. cas) on verra que 80 schippunds de cuivre à 18,75 dallers d'argent (qui sont la même chose que 18 dallers 3 marcs) font juste 1500 dallers d'argent.

Exemple pour le Dannemarck.

Un menuisier de Copenhague est convenu de construire 29 faons quarrés de parquet, à raison de 14 dallers 18 schillings, on demande ce que l'on doit lui payer ?

Réponse.......................... 422,24 dallers.

SOLUTION.

Puisqu'à Copenhague il faut 32 schillings lubs au daller, il est clair que 18 schillings font 18-32es.

autrement 9-16es. En allant donc à la table de réduction, on verra que 9-16es valant 0,56, on doit écrire en décimales les 14 dallers 18 schillings lubs ainsi qu'il suit :

14,56

Ensorte que si l'on va d'abord à la page 14 (3e. cas) et ensuite à la page 56 (1er. cas) on verra que 29 faons quarrés à 14,56 dallers danois (qui sont la même chose que 14 dallers 18 schillings lubs) font 422,24 dallers danois, c'est-à-dire 422 dallers et bien près de 8 schillings ou 1 marc danois.

Exemple pour la Russie.

On convient d'une partie de 200 pouds de colle de poisson, à raison de 4 roubles 13 piats copeks le poud, on demande ce que l'on doit payer ?

Réponse .... 930 roubles.

SOLUTION.

Puisqu'il faut 20 piats copeks au rouble, il est clair que 13 piats copeks font 13-20es. En allant donc à la table de réduction, on verra que 13-20es. valant 0,65, on doit écrire en décimales les 4 roubles 13 piats copeks ainsi qu'il suit :

4,65

Ensorte que si l'on va d'abord à la page 4 (3e. cas) et ensuite à la page 65 (1er. cas) on verra que 200 pouds de colle à 4,65 roubles (qui sont la même chose que 4 roubles 13 piats copeks) font juste 930 roubles.

J'aurais pu ne pas pousser ces exemples si loin, attendu que la même marche est toujours constamment employée, nonobstant la différence et la variété des systêmes monétaires ; mais j'ai voulu prouver invinciblement à toutes les nations qu'elles avaient le même droit que celle de France au Barême décimal, et que ce n'était pas une vaine promesse que je leur faisais, en leur disant qu'il sert à toutes les monnaies possibles. J'espere que leur intérêt particulier leur en dira encore davantage.

Je ne ferai cependant pas la même chose pour l'application aux mesures; ce serait abuser de la patience de mes lecteurs que de leur répéter les mêmes exemples : je me bornerai donc à un seul pour ce qui concerne cette partie.

Application aux Mesures.

Un seul exemple suffira, comme je viens de le dire, attendu que c'est la même marche à suivre pour les mesures comme pour les monnaies, et que ce serait toujours les mêmes opérations que l'on présenterait.

Exemple unique.

On veut savoir combien 26 tonneaux de bierre, qui contiendraient chacun 16 ankers 3 viertels 1 quart, feraient d'ankers en totalité?

Réponse. . . . . 482,90 ankers.

Solution.

Puisque l'anker contient 5 viertels, et le viertel 4 kannes, il est clair que d'après la table générale de réduction, 3 viertels, faisant 3-5es. ou 0,60, et 1 quart de viertel un 20e. ou 0,05, on aura au total 0,65; qui feront écrire en décimales le nombre des mesures ainsi qu'il suit :

16,65 ankers.

En cherchant donc page 16 (3e. cas) et page 65 (1er. cas) on verra que 29 tonneaux à 16,65 ankers (qui sont la même chose que 16 ankers 3 viertels 1 quart) font 482,90 ankers, c'est-à-dire 482 ankers et 18 vingtiemes.

Je ne veux cependant pas finir sans donner un exemple frappant de l'utilité de la table générale de réduction. On verra si ce n'est pas quelque chose de pitoyable que l'entêtement que l'on met à vouloir conserver obstinément l'ancienne routine des calculs, nonobstant l'avantage immense qui résulte du calcul décimal. Je prends en conséquence un exemple dans l'arithmétique d'Ouvrier de Lille, que l'on sait être très-estimée, et je lui oppose la maniere de l'exécuter par le moyen des centimales.

Exemple proposé par Ouvrier de Lille.

Si une livre de cocheuille coûte 15 liv. 6 s. 3 d. combien coûteront 38 livres 14 onces 6 gros?

Opération telle qu'elle est exécutée par Ouvrier de Lille.

	38 l.	14 onc.	6 gr.
	15 l.	6 s.	3 d.
	190 l.		
	38		
Pour 6 sols,	11	8 s.	
Pour 3 den.		9	6 d.
Pour 8 onces,	7	13	1
Pour 4 onces,	3	16	6
Pour 2 onces,	1	18	3
Pour 4 gros,		9	6
Pour 2 gros,		4	9
	595 l.	19 s.	7 d.

Ainsi 38 livres 14 onces 6 gros de cochenille coûteront 595 liv. 19 s. 7 d.

Résolution du probléme précédent par le moyen des centimales.

14 onces faisant 14-16es. ou 7-8es, et 6 gros les 3-4 d'une once, il est clair que si l'on consulte

la table générale de réduction, on aura pour les 7-8es. 0,87

Et pour les 3-4 de l'once, c'est-à-dire d'un 16e., environ.................... 0,05

Total............ 0,92

qui joints à 38 livres, feront alors.... 38,92

Voilà pour la cochenille.

Six sols faisant également 6-20es. ou 3-10es, et 3 d. le quart d'un 20e., il est encore clair que si l'on consulte la même table, on aura pour les 3-10es.......................... 0,30

et pour le quart du sol, c'est-à-dire du 20e. 0,01

Total.............. 0,31

qui joints à 15 l., feront de nouveau..... 15,31

Voilà pour son prix.

En multipliant donc ces deux sommes comme il suit, on est débarrassé de toute espece de division (car on ne peut nier que de chercher pour 6 s., pour 3 den., pour 4 onces, etc., etc., ne soient de véritables divisions); et on en est quitte pour faire la multiplication suivante.

```
    38,92
    15,31
   ------
     3892
   11676
  19460
  3892
 --------
Total... 595,8652
```

C'est-à-dire 595 francs 86 centimes, ou 17 sols 4 deniers.

Ainsi donc par une seule regle, et en ne faisant que mettre la virgule à 4 places sur la gauche des chiffres du produit (à cause qu'il y a 4 décimales à l'opération), on a obtenu un résultat qui n'a exigé aucune espece de contention d'esprit. A la vérité il y a deux sols de différence dans le produit; mais cela vient de ce que l'on a négligé les fractions de centimes, et tout le monde sait qu'on aurait perdu bien plus de 2 sols à chercher l'exactitude nécessaire.

CHAPITRE XI.

Manière d'effectuer (*sans calcul*) *avec un* PAPIER-MONNAIE *quelconque*, gagnant ou perdant sur la place, *tel paiement que ce soit, stipulé en numéraire.*

Tout *papier-monnaie* gagne ou perd sur le numéraire, selon les circonstances; il est donc utile de donner des exemples de la maniere de faire servir le Barême à tous les cas possibles de sa bonification et de sa dépréciation, et de faire voir qu'il n'y a que le calcul décimal qui puisse procurer une semblable facilité.

J'aurais pu sans doute entrer dans beaucoup de détails pour expliquer comment et par quels moyens cette opération s'exécute; mais par la raison que l'on a vu des milliers de géomètres (1) se servir des tables de logarithmes tout en en ignorant le principe, on peut de même se servir de mon Barême sans en connaître le mécanisme. Qui dit d'ailleurs *Barême*, dit un ouvrage destiné à ceux qui ne sont pas familiarisés aux calculs: or, comme il serait ridicule de parler science à des hommes qui avouent ne pas avoir de dispositions à les entendre, et qui sont même déterminés à croire impraticable tout ce qu'ils ne conçoivent pas, je dois me borner à indiquer la marche que l'on doit tenir.

(1) C'est-à-dire des hommes faisant les fonctions d'arpenteurs, de leveurs de plans, de géographes, etc., etc.

Quand

Quand on saura bien se tirer d'affaire, on verra que je n'avais pas besoin de faire plus. Seulement je préviens que ceux qui désireront une grande précision dans ces opérations devront s'attendre quelquefois à une différence qui pourra aller jusqu'au 20e., mais qui, le plus souvent, ne passera pas un 60e. ou 80e., et ne sera quelquefois que d'un 120e. ou d'un 150e. Le tout selon les cas.

Je vais commencer par les *papiers gagnans*, et ensuite je passerai aux *papiers perdans*.

Cas des PAPIERS-MONNAIES *ou de* BANQUE *gagnans sur le numéraire.*

Ce cas n'arrive pas fréquemment, sans doute; mais comme néanmoins il peut arriver, on va faire connaître la maniere d'effectuer ses paiemens en *papier gagnant*.

Soit un papier-monnaie de 100 *monos* (1) quelconques, tels que 100 livres, si c'est en France; 100 crusades, si c'est en Portugal; 100 tarins, si c'est à Naples; 100 florins, si c'est en Allemagne; 100 schellings, si c'est en Angleterre; 100 dallers, si c'est en Suede; 100 roubles, si c'est en Russie; etc., etc., gagnant 37 pour 100 sur le numéraire; on demande combien on doit donner de ce papier pour acquitter 80 monos (numéraire), c'est-à-dire, par la même raison, 80 livres, si c'est en France; 80 crusades, si c'est en Portugal; 80 tarins, si c'est à Naples; 80 florins, si c'est en Allemagne, etc., etc. (car il ne faut jamais perdre un seul instant de vue que mon Barême décimal s'applique à tous les systêmes monétaires possibles)?

Réponse........................ 50,20 monos.

SOLUTION.

Faites ici ce raisonnement : un papier de 100 monos qui gagne 37 pour cent, c'est un papier qui vaut intrinséquement 137 monos.

---

(1) Voyez ce que j'ai dit à l'occasion de ce mot dans l'avertissement placé en tête.

Allez donc page 13 (caractéristique de 137), vous y verrez, dans une case intitulée : *papier gagnant*, placée au-dessous des fractions, que 137 correspondent à 74; ce qui signifie qu'il faut aller à la page 74, et y prendre vis-à-vis de 80 le nombre 5920 qui s'y trouve, indiquant (par la regle du 1er. cas) que l'on doit payer (en papier valant 137 monos) 59 monos 20 centiemes, pour 80 monos en numéraire ; c'est-à-dire (pour faire toujours sentir l'universalité de mon Barême), 59 francs 20 centimes, si c'est en France ; 59 crusades 20 centiemes, si c'est en Portugal ; 59 tarins 20 centiemes, si c'est à Naples ; etc., etc. Or, comme l'on voit, rien n'est plus facile que cette opération.

Si ce papier vient à valoir, je suppose, 249 monos, et que l'on ait 300 monos à payer en numéraire, ce sera la même chose ; on ne fera qu'aller à la page 25 (caractéristique de 249, ou plutôt de 250 ; mais 249 y touche de si près qu'il faut alors prendre le dernier de préférence) on y verra dans la même case, que ce nombre correspond à 40 ; ce qui signifie qu'il faut aller à la page 40, et y prendre vis-à-vis de 300, le nombre de 12000 qui s'y trouve, indiquant (par la même regle) que l'on doit payer (en papier valant 249 monos) 120 monos de ce papier, pour 300 monos (numéraire) ; c'est-à-dire, également 120 francs, si c'est en France ; 120 crusades, si c'est en Portugal ; etc. etc.

Et s'il vient à gagner plus de 249 monos ; comme au-dessus de cette somme il n'y a plus de cases consacrées au papier gagnant, attendu que les deux papiers ont tous les deux le même renvoi ; cela fait qu'on a tout simplement recours à la page indiquée par les deux caractéristiques.

Ainsi quand le papier gagnant vient à valoir au-dessus de 249 monos, comme 430, 620, ou toute autre somme, on va successivement aux pages 43, 62, etc., etc. Et comme à la page 43 on voit qu'il faut aller page 24, et à la page 61 qu'il faut aller page 17; on voit que si l'on a deux paiemens à effectuer, l'un de 700 monos (numéraire) en papier valant 430 monos; et l'autre de 3000 monos (numéraire) en papier valant 620 monos, le nombre 16,800 qui est au droit de 700, page 24, nous indique (par la même regle du 1er. cas) que 168 monos de papier, valant 430, acquittent 700 monos (numéraire) et que le nombre 51000 qui est au droit de 3000, page 17, nous indique également que 510 monos de ce papier valant 620, acquittent 3000 monos (numéraire) ; ensorte que si c'est en France que l'on opere, les 168 monos du 1er. cas vaudrent 168 francs, et les 510 monos du 2e. cas, 510 francs. La même chose pour tous les autres pays où papiers-monnaies ou de banque quelconques. Seulement, comme je l'ai dit en commençant : je ne crois pas que l'on ait jamais beaucoup à employer ces sortes de calculs.

Cas des PAPIERS-MONNAIES *ou de* BANQUE *perdant sur le numéraire.*

On les divise en trois classes, ainsi qu'il suit :

1ere. *classe*. Papiers de 100 monos, ne valant que de 10 à 100 monos; c'est-à-dire de 10 à 100 schellings, si c'est en Angleterre; de 10 à 100 crusades, si c'est à Lisbonne, etc.

2e. *classe*. Papiers de 100 monos, ne valant que de 1 à 10 monos; c'est-à-dire de 1 à 10 tarins, si c'est à Naples; de 1 à 10 florins, si c'est à Vienne, etc., etc.

3e. *classe*. Papiers de 100 monos; valant moins de 1 mono, comme les assignats de 100 francs de la république française, qui ont été fort long-temps sans valoir 1 franc.

PREMIERE CLASSE.

Papiers de 100 monos, ne valant que de 10 à 100 monos.

Quand un papier ne perd que de 10 à 100 monos,

on regarde les pages du Barême comme autant de monos, et on se sert de la regle du 2e. cas, qui prescrit de regarder le dernier chiffre des comptes-faits, comme valant toujours des dixaines de centimes.

Ainsi, quelqu'un qui veut payer des sommes en numéraire, telles que 6 monos, 80 monos, 200 monos, 3000 monos, avec du papier-monnaie de 100 monos, dont la valeur est réduite à 42 monos, doit aller d'abord à la page 42, parce que dans une case pareille à celle dont il s'est déjà servi pour le papier gagnant; il y trouvera qu'il faut aller page 24, et y prendre vis-à-vis des sommes que je viens de spécifier, les comptes-faits correspondans.

Or, comme vis-à-vis de 6 il y trouve.. 144.
vis-à-vis de 80........... 1920.
vis-à-vis de 200........... 4800.
Et vis-à-vis de 3000......... 72000.

Cela veut dire (par la regle du 2e. cas) que l'on doit payer:

Pour 6 monos (numéraire).. 14 fr. 40 c.
Pour 80................... 192.
Pour 200.................. 480.
Et pour 3000.................. 7200.

Ce qui n'exigeant que le retirement du dernier chiffre, est une opération si simple en elle-même, qu'il serait ridicule d'en donner un autre exemple pour les cas où le papier-monnaie viendrait à valoir plus ou moins de 42 monos. En effet, qui ne saura pas se ressouvenir que s'il ne vaut que 24 monos, il faudra aller à la page 24, et prendre les nombres correspondans, et que s'il vaut 67, il faudra aller page 67, et les prendre *idem*. Je n'en dirai donc pas davantage sur cette classe.

Deuxieme classe.

Papiers de 100 monos ne valant que de 1 à 10 monos.

quand le papier de 100 monos ne vaut que de

1 à 10 monos (1), on regarde les pages du Barême comme autant de dixiemes de monos, et on se sert de la regle du 3e. cas, qui prescrit de regarder tous les chiffres des comptes-faits comme autant de monos.

Ainsi quelqu'un qui veut payer 15 monos, 300 monos et 5000 monos (numéraire) avec du papier-monnaie de 100 monos, dont la valeur est réduite à 6 monos 60 centimes (je suppose ici une fraction dans les monos pour faire voir qu'elle n'occasionne pas plus de difficultés que 6 monos seuls, qui feraient recourir tout simplement à la page 60) doit aller d'abord page 66, parce qu'il y découvrira qu'il faut aller page 16, et y prendre vis-à-vis de 15, de 300 et de 5000 les nombres 240, 4800 et 80000 qui s'y trouvent, indiquant que l'on doit payer

Pour 15 monos (numéraire) 240 monos de papier ne valant que 6,60 mon.

Pour 300 *idem*......... 4800 *idem*.

Et pour 5000 .... 80000 *idem*.

Ce qui est, comme on voit, une opération plus aisée que celle qui précède, puisqu'il n'y a aucun chiffre à retirer dans les comptes-faits, et qu'ils représentent indistinctement des *monos*.

TROISIEME CLASSE.

Papiers de 100 monos valant moins d'un mono.

Quand enfin le papier de 100 monos vaut moins de 1 mono, c'est-à-dire perd 99 et au-delà, et tombe ce qui s'appelle dans le dernier degré d'avilissement, on regarde alors les pages du Barême comme autant de centiemes de monos, et on ajoute un zéro à tous les comptes-faits que l'on recueille.

Ainsi quelqu'un qui veut payer 4 monos, 80 monos, et 600 monos, avec du papier de 100 monos

(1) C'est le cas des mandats vers brumaire de l'an 5.

dont la valeur est réduite, par exemple, à 19 centiemes de mono (comme qui dirait 3 sols 9 deniers de France, 3 schellins 9 pennys d'Angleterre, 3 schelins 9 gros d'Amsterdam, 3 escalins 9 deniers d'Autriche, 3 grani 9 cavalli de Naples, 3 escalins 9 seslings de Hambourg, etc. etc., et autres monnaies qui ont toutes le même rapport entr'elles), doit aller d'abord page 19, parce qu'il y découvrira qu'il faut aller page 53, et y prendre vis-à-vis de 4, de 80, et de 600, les nombres 212, 4240, et 31800 qui s'y trouvent, indiquant que l'on doit payer (en ajoutant un zéro à ces sommes)

Pour 4 monos (numéraire) 2120 monos de papier réduit à 19 centiemes de monos.
Pour 80 *idem*.......... 42400 *idem.*
Et pour 600 *idem*......... 318000 *idem.*

Ce qui désignera des francs en France, des livres communes en Angleterre, des livres gouldes en Hollande, des florins gouldes à Vienne, des tarins à Naples, des livres de gros à Hambourg, etc.

Je ne pousserai pas plus loin ces exemples, qui doivent paraître suffisamment clairs, sur-tout à ceux qui sont habitués à se servir du Barême, et qui savent ce qu'il faut faire quand les nombres ne sont pas ronds. Seulement, comme le discrédit du papier s'exprime quelquefois d'une maniere opposée, c'est-à-dire en désignant ce que chaque piece de numéraire vaut de *papier gagnant ou perdant*, je vais indiquer la maniere de faire, dans le cas du *papier perdant*, la transformation nécessaire pour que les opérations précédentes puissent se faire d'après la valeur de ces pieces d'or ou d'argent.

Maniere de faire les opérations qui précedent, d'après la valeur de la piece d'or ou d'argent.

Soit la piece d'or de 24 monos valant 52 monos d'un papier, 350 d'un autre, 8000 d'un troisieme, et 15000 d'un quatrieme, on demande combien cela réduit la valeur des papiers de 100 monos qui précedent, en monos numéraire ?

Rien de si simple. Remarquez d'abord que toutes les pages contiennent le nombre 24 dans la premiere colonne, et qu'il y a toujours, vis-à-vis de ce nombre, une quantité quelconque de chiffres, montant progressivement depuis 240 (car il ne faut pas chercher au-dessous) jusqu'à 2400.

Faites ensuite les trois remarques suivantes :

La premiere, que quand la piece d'or ou d'argent vaut de *un à dix* fois *sa valeur en papier*, comme si la piece de 24 monos numéraire valait 25, 26, 27, ou toute autre somme, en montant jusqu'à 240 monos de papier, alors les chiffres de renvoi qui se trouvent dans la page où se fait l'opération sont des *monos numéraire*, qui représentent la valeur d'un papier de 100 monos.

La seconde, que quand cette même piece d'or ou d'argent vaut *de dix à cent fois sa valeur en papier*, comme si la même piece de 24 monos de tout-à-l'heure valait 241, 242, 243, ou toute autre somme, en montant jusqu'à 2400 monos papier, alors les chiffres de renvoi qui se trouvent dans la page où se fait l'opération sont des dixiemes de monos numéraire, qui représentent la valeur du même papier de 100 monos.

Et la troisieme, que quand cette même piece d'or ou d'argent vaut *de cent à mille fois sa valeur en papier*, comme si on suppose encore que la même piece de 24 monos vaille 2401, 2402, 2403, ou toute autre somme, en montant jusqu'à 24000 monos de papier ; alors les mêmes chiffres de renvoi qui se trouvent dans la page où se fait l'opération sont des centiemes de monos numéraire, qui représentent la valeur du même papier-monnaie de 100 monos.

Cela posé, voilà ce qui va résulter des 4 exemples proposés.

Que pour la premiere de ces quatre valeurs, si vous feuilletez le Barême décimal jusqu'à ce que vous soyez arrivé à la page où 24 correspond au nombre le plus près de 520 (décuple de 52 (1)); c'est-à-dire à 528 qui se trouve page 22; vous trouverez alors, en faisant attention au renvoi indiqué page 46 (case du papier perdant) que c'est comme si on disait que les 100 monos de papier ne valent que 46 monos numéraire moins quelque chose.

Que pour la seconde de ces valeurs, si vous feuilletez de même le Barême jusqu'à ce que vous soyez arrivé à la page où 24 correspond au nombre le plus près de 350 (c'est-à-dire 360 qui est à la page 15) vous trouverez alors, en faisant attention au renvoi indiqué page 67, que c'est comme si on disait que les 100 monos de papier ne valent que 6 monos 70 centimes en numeraire, autrement 6 liv. 14 sols, si les monos sont des livres de France.

Que pour la troisieme de ces valeurs, si vous feuilletez le même Barême jusqu'à ce que vous soyez arrivé à la page où 24 correspond au nombre le plus près de 800 pour 8000 (2), c'est-à-dire à 792, qui est à la page 33, vous trouverez alors, en faisant attention au renvoi indiqué page 31, que c'est comme si l'on disait que les 100 monos de papier ne valent que 31 centiemes de monos, autrement 6 sols 3 den. si les monos sont des livres de France, 6 schellings 3 pennys d'Angleterre, s'ils sont des livres communes de cette monnaie, 6 grains 3 cavallis, s'ils sont des tarins de Naples, etc.

Qu'enfin, pour la quatrieme de ces valeurs, si vous feuilletez le même Barême jusqu'à ce que vous soyez arrivé à la page où 24 correspond au nombre le plus près de 1300 pour 13000 (2), c'est-à-dire à

---

(1) Ceci doit paraître juste, puisqu'il ne faut pas chercher au-dessous de 240.

(2) Ceci est encore très-juste pour que le Barême ne passe pas 2400

(1) Même raison que pour la précédente.

1296, qui est à la page 54, vous y trouverez alors au renvoi indiqué page 19, que c'est comme si on disait que les 100 monos de papier ne valent que 19 centiemes de monos, autrement 3 sols 9 den. de France, etc. etc. etc.

Ensorte que si l'on avait 300 livres à acquitter en numéraire, sur le pied de la valeur de chacun de ces papiers, on payerait alors,

Dans le premier cas.....	138 fr.	00 cen. num.
Dans le second.........	20,	10 cent.
Dans le troisieme........	0,	93 cent.
Et dans le quatrieme......	0,	57 cent.

Ce qui serait bien plus tôt trouvé que s'il fallait faire une regle de trois, ou toute autre opération de ce genre.

Observez que dans le cas où la piece d'or ou d'argent vaudrait plus ou moins de 24 monos, comme 12, 16, 20, 30, etc., l'opération serait exactement la même, moyennant que, dans les pages du Barême, on prendrait les nombres correspondans à chacune de ces différentes valeurs.

Je ne m'étendrai pas davantage sur cet article, qui doit paraître suffisamment clair.

CHAPITRE XII.

Maniere de se servir du Barême décimal *pour acquitter les obligations contractées depuis que les assignats ou mandats ont commencé à perdre jusqu'à leur entier anéantissement.*

On divise les assignats ou mandats en trois classes, ainsi qu'il suit :

Premiere classe. Assignats ou mandats de 100 fr. ne valant que de 10 à 100 francs.

Deuxieme classe. Assignats ou mandats de 100 fr. ne valant que de 1 à 10 francs.

Troisieme classe. Assignats ou mandats de 100 fr. valant moins de 1 franc.

PREMIERE CLASSE.

Assignats de 100 *francs ne valant que de* 10 *à* 100 *francs.*

Soient trois obligations à payer, l'une de 3000 liv. contractée dans les premiers jours d'août 1792, l'autre de 2000 liv. dans les 10 derniers jours d'octobre de la même année, et la troisieme de 5000 liv. dans le mois de novembre 1793 ; on demande ce que l'on doit en numéraire pour ces trois obligations, d'après l'échelle de proportion que l'on suppose établie.

OPÉRATION.

Supposons qu'à l'époque des premiers jours d'août 1792, l'assignat de 100 francs ait été fixé par cette échelle à................ 76 fr. num.

Qu'à celle des dix derniers jours d'octobre de la même année il l'ait été à.......................... 82 fr.

Et qu'à celle du mois de novembre 1793 il l'ait été à................ 33 fr.

Il ne s'agit alors que d'aller aux pages 76, 82 et 33 . pour y découvrir ce que ces sommes doivent valoir. En effet :

Pour la premiere obligation.

En allant à la page 76, on y voit que 3000 francs (valeur de la premiere obligation) correspondent au nombre 228000, dont regardant les deux derniers chiffres sur la droite comme des centimes, reste juste la somme de 2280 fr. num.

Pour la deuxieme classe.

En allant *idem* à la page 82, on y voit que 2000 fr. (valeur de la deuxieme obligation) correspondent au nombre 164000 dont regardant également les deux derniers chiffres sur la droite comme des centimes, reste juste celle de 1640 fr. num.

Et pour la troisieme obligation.

En allant à la page 33, on y voit que 5000 francs (valeur de la troisieme obligation) correspondent au nombre 165000 dont regardant *idem* les deux derniers chiffres sur la droite comme des centimes, reste juste celle de 1650 fr. num.

DEUXIEME CLASSE.

Assignats de 100 fr. ne valant que de 2 à 10 francs.

Soient deux obligations à payer ; l'une de 800 fr., contractée dans la premiere quinzaine de floréal an 3, et l'autre de 4000 francs dans la deuxieme quinzaine de messidor même année ; l'on demande ce que l'on doit en numéraire pour ces deux obligations.

OPÉRATION.

Supposons également qu'à l'époque de la premiere quinzaine de floréal an 3, l'assignat de 100 fr. ait été fixé à .... 9 fr. 15 c.

Et qu'à celle de la deuxieme quinzaine de messidor de la même année, il l'ait été à 3 45

Il ne s'agit que d'aller aux pages 9 et 15 pour la premiere obligation, et aux pages 3 et 45 pour la deuxieme, pour obtenir ce que l'on cherche. En effet :

Pour la premiere obligation.

En allant à la page 9, qui représente des francs, on y voit que 800 fr. (valeur de cette premiere obligation) correspondent au nombre 7200, dont regardant les deux derniers chiffres sur la droite, comme des décimales, reste juste la somme de.................. 72 fr. 00 c.

En allant à la page 15, qui représente des centimes, on y voit que la même somme de 800 fr. correspond au nombre 12000, dont regardant également les quatre derniers chiffres sur la droite comme des décimales, reste juste la somme de.................. 1 fr. 20 c.

Total.............. 73 fr. 20 c.

Et pour la deuxieme obligation.

En allant *idem* à la page 3, qui représente des francs, on y voit que 4000 (valeur de la deuxieme obligation) corresdondent au nombre 12000, dont regardant *idem* les deux derniers chiffres comme des décimales, reste juste la somme de.............. 120 fr.

Et en allant à la page 45, qui représente des centimes, on y voit que la même somme de 4000 fr. correspond au nombre 180000, dont regardant également les quatre derniers chiffres sur la droite, comme des décimales; reste juste la somme de somme de.. 18 fr.

Total.............. 138 fr.

TROISIEME CLASSE.

Assignats de 100 *francs, valant moins de* 1 *franc.*

Soient enfin deux obligations, l'une de 7000 fr. contractée dans la premiere quinzaine de brumaire an 4, et l'autre de 2000 francs, dans la deuxième de de ventôse même année, on demande ce que l'on doit en numéraire ?

OPÉRATION.

Supposons enfin qu'à l'époque de la premiere quinzaine de brumaire an 4, l'assignat de 100 fr. ait été fixé à........................ 93 c.

Et qu'à celle de la deuxieme quinzaine de ventôse, même année, il l'ait été à................................ 36 c.

Il ne s'agit que d'aller à ces pages pour obtenir les résultats nécessaires. En effet :

Pour la premiere obligation.

En allant à la page 93, qui représente des centimes, on y voit que la somme de 7000 liv. de la premiere obligation correspond à 651000, dont retirant les quatre derniers chiffres comme étant des décimales, reste alors 65 francs 10 centimes, ci...... 65 fr. 10 c.

Et pour la deuxieme obligation.

En allant à la page 36, qui représente *idem* des centimes, on y voit que la somme de 2000 liv. de la deuxieme obligation correspond à 72000, dont retirant également les quatre derniers chiffres, reste alors 7 francs 20 centimes, ci.................. 7 fr. 20 c.

Comme on voit, le Barême décimal leve à lui seul toutes les difficultés relatives à la transformation des papiers en numéraire, et du numéraire en papier. Il dispense de toute espece d'opérations, telles que des divisions, multiplications et regles de proportions; et il n'en coûte jamais que la peine de recourir à un certain feuillet du livre, qui renvoie à un certain autre où se trouvent les comptes-faits, ce qui n'est ni pénible, ni attachant, ni sujet à erreur.

On n'y trouve pas, à la vérité, cette exactitude que l'on aime à rencontrer dans les calculs; mais soyons de bonne-foi : est-ce quand il s'agit de régler d'anciens comptes que l'on regarde à la précision mathématique? Que de gens sacrifieraient le dixieme et même davantage de ce qui peut leur être dû, pour être délivré de l'embarras de savoir avec exactitude ce que valait *tel* et *tel* papier à *telle* époque, sur-tout quand la créance est antérieure, et que le débiteur peut avoir quelques réclamations à faire. Ah! sans doute! de long-temps d'ici on ne pourra se dispenser d'avoir des calculs de ce genre à faire (1); mais aussi il ne tiendra qu'à soi de se les rendre de la plus grande facilité en s'y habituant; et s'il est vrai que leur simplification soit une des choses qui concourre le plus efficacement à la prospérité générale, combien les créanciers et les débiteurs de tous les pays ne seront-ils pas redevables au *Système décimal adopté en France*, qui leur aura valu un Barême quatre fois moins volumineux que ceux dont ils se sont servis jusqu'à ce jour, et qui les mettra à même de travailler avec toutes les nations, quelque soit leur systême monétaire, et de tel nombre de mesures que soit composé leur systême métrique.

---

(1) Nous en avons la preuve dans le tarif publié par le département de la Seine, à la fin de fructidor an 5.

TABLEAU DES NOUVELLES MESURES DE LA RÉPUBLIQUE FRANÇAISE.

Elles sont distribuées en six classes ainsi qu'il suit :

PREMIERE CLASSE. *Mesures de longueur.*

NOMS des nouvelles Mesures.	NOMS des anc. qu'elles remplacent.	VALEUR approximée des terres en me. de Paris.
Myriametre.	La poste.	5130 toise.
Demi myriam.	La lieue.	2665 tois.
Kilometre.	Le quart de lieue.	513 toises.
Doub. hectom.	piece de 100 à 200 au.	168 aunes.
Hectometre.	Celle de 50 à 100.	84 aunes.
Demi hectom.	Celle de 25 à 50.	42 aunes.
Doub. décam.	Celle de 10 à 25.	17 aunes.
Décametre.	La chaîne d'arpentag.	32 pieds.
Double metre.	La toise.	6 pi. 2 po.
Metre.	L'aune.	3 pi. 11 li.
Demi metre.	La demi aune.	1 p. 6 p. 6 l.
Dou. decimet.	Le pied.	88 li. 2-3.
Décimetre.	Le demi pied.	44 lig. 1-3.
Centimetre.	Le pouce.	4 lig. 1-2.
Millimetre.	La ligne.	1-2 ligne.

DEUXIEME CLASSE. *Mesures de Surface.*

Myriare.	Le labour de 2 charr.	195,94 Arp. de roi.
Kilare.	Le muid de terre.	19,59 Arp. de roi.
Hectare.	L'arpent.	1,96 Arp. de roi.
Demi hectare.	Le demi arpent.	0,98 Arp. de roi.
Décare.	Le quartier.	19 perches
Are.	La perche.	2 perches.
Déciare.	Fraction de la perch.	15e. de p.

Centiare.	La toise quarrée.	0,26 to. q.
Milliare.	Le pied quarré.	0,095 p. q.

TROISIEME CLASSE. *Mesures de solidité.*

Myriastere.	les cub. de 300 toi. &c.	1352 to. c.
Kilostere.	Ceux de 100 à 300 toi.	135 toi. c.
Hectostere.	Ceux de 10 à 100 tois.	13,50 to. c.
Décastere.	Ceux de 1 à 10 toises.	1,35 to. c.
Double stere.	La voie de [illegible].	1,10 voie.
Stere.	La demi-voie.	0,55 voie.
Décistere.	La piece de charpen.	2,92 pi. c.
Centistere.	Le pied cube.	0,29 pi. c.
Millistere.	Le pouce cube.	50 pou. c.

QUATRIEME CLASSE. *Mesures à liquide.*

Myrialitre.	Les plus gr. foudres.	10513 pin.
Kilolitre.	Tonneau de mer.	1051 pint.
Demi kilolitre.	La demi tonne.	525 pinte.
Doub. hectoli.	Le muids.	210 pintes
Hectolitre.	La feuillette.	105 pintes
Demi hectolit.	Les p. de 50 à 100 pin.	52 pintes.
Doub. décalit.	Celles de 20 à 50 pin.	21 pintes.
Décalitre.	Les vases de 10 à 20 p.	10 p. 1-2.
Demi décalitr.	La velte.	5 pin. 1-4.
Double litre.	Le broc.	2 p. 1-10e.
Litre.	La pinte.	1 p. 1-20e.
Demi litre.	La chopine.	Chopine.
Doub. décilitr.	Le demi septier.	1 pois. 2-3.
Décilitre.	Le poisson.	5-6es. poi.

CINQUIEME CLASSE. *Mesures de Capacité.*

Myrialitre.	2 muids et au-dessus.	5,47 muid
Kilolitre.	1 à 2 muids.	79 boiss.
Hectolitre.	Le setier.	8 boiss.
Demi hectolit.	La mine.	4 boiss.
Doub. décalit.	Le minot.	1 b. 5-8es.
Décalitre.	Le boisseau.	3-4 de bo.
Demi décalitr.	Le demi boisseau.	3-8 de bo.
Litre.	Le litron.	1 litr. 1-4.
Décilitre.	Le demi litron.	3-8 de litr.

SIXIEME CLASSE. *Mesures de Pésanteur.*

Myriagrave (sans nom dans le décret. (1)	Le dix milliers.	20440 livr.
Kilograve. (*idem.*)	Le millier.	2044 livres.
Hectograve. (*idem.*)	Le quintal.	204 livres.
Double décagrave. (Doub. myriagramme par le décret.)	Le poids de 50 livres.	41 livres.
Décagrave. (Myriagramme.)	Celui de 25 l.	20 liv. 1-2 l.
Demi décagrave. (dem. myriagramme)	Celui de 12 l.	10 liv. 1-4.
Double grave. (doub. kilogramme.)	Celui de 2 liv.	4 l. 1 once et demie.
Grave (kilogramme.)	La livre.	2 l. 6 gros.
Demi grave. (Demi kilogramme.)	La demi-livre.	1 l. 3 gros.
Double décigrave. (Do. hectogramme.)	Le quarteron.	6 onc. 4 g.
Décigrave. (hectogramme.)	L'once.	3 onc. 2 g.
Centigrave. (Décagramme.)	La demi-once.	2 gros 2-3.
Milligrave. (gramme.)	Le gros.	19 grains.
Décimigrave. (décigramme.)	Les poids d'essai.	2 grains.
Centimigrave. (centigramme.)	*Idem.*	1-5 de gra.
Millionigrave. (milligramme.)	*Idem.*	1-50 de gr.

Total général, 72 *mesures*; c'est-à-dire 72 nouveaux mots à apprendre.

---

(1) Cette omission est cause qu'on est obligé de s'exprimer ainsi : *millier de myriagramme, ou dix-milliers de kilogrammes;* c'est-à-dire *millier de dix-milliers, ou dix milliers de millier.*

Mais il y a un moyen très-simple de réduire les 72 mesures du nouveau système à 16 mots, en thèse générale, et à 19 en leur ajoutant les poids d'essai ; c'est de supprimer tous les noms classificatifs, qui sont aussi inutiles que si nous voulions dire aujourd'hui une aune *courante* d'étoffe, un arpent *quarré* de terre, une toise *cube* de maçonnerie, une velte de *capacité* de vin, une livre *pesant* de sel, et enfin une voie *cube* de bois.

Ainsi, au lieu de dire un myriametre de chemin, un kilometre de terre, un hectostere de maçonnerie, un decalitre de vin, un grave de sucre, on dirait tout simplement : un myria de chemin, un kilo de terre, un hecto de maçonnerie, un déca de vin ou de bled (1), un mono de sucre, &c.

Ensorte que cette nomenclature qui effraye tant, se réduirait invariablement à celle qui suit ; savoir ;

Aux 16 mots qu'on va lire pour le système général.

Myria..........................	10000 fois l'unité.
Kilo............................	1000 fois.
Demi kilo (mi kilo)........	500 fois.
Doub. hecto (bi-hecto, becto).	200 fois.
Hecto..........................	100 fois.
Demi hecto (mi hecto, mecto).	50 fois.
Double déca (bi-déca, beca)..	20 fois.
Déca...........................	10 fois.
Demi déca (mi-déca, meca)..	5 fois.
Double mono (bi-mono)....	2 fois.
Mono...........................	1 fois.
Demi mono (mi-mono)......	0,50
Double déci (bi-déci, beci)..	0,20
Déci............................	0,10
Centi...........................	0,01
Milli...........................	0,001

(1) Il y aurait seulement une exception pour les objets qui se vendent indistinctement à la mesure et au poids, comme le *bled*, les *eaux-de-vie*, &c.

Et aux 3 mots qui suivent pour les poids d'essai.

Décimi.............................. 0,0001
Centimi............................. 0,00001
Millioni............................ 0,000001

Comme on voit, je suis bien éloigné de mériter le reproche du Conseil des mesures, qui se plaint de ce que je multiplie les êtres; tandis que c'est lui qui, de son propre aveu, les fait monter à 33, & que pour les réduire à si petit nombre, il supprime,

Parmi les mesures de longueur,

Le *demi myriametre*, aussi nécessaire que la demi-poste, la demi-lieue.

Le demi kilometre, le double hectometre, le demi hectometre, et le double décametre, si utiles pour fixer la longueur des pieces d'étoffe.

Le double metre, indispensable aux toiseurs.

Le demi metre, qui est la nouvelle demi-aune.

Et le double décimetre, qui est le nouveau pied.

Parmi les mesures de surface,

Le myriare et le kilare, si utiles pour exprimer les surfaces des empires et celles de leurs divisions.

Le décare et le déciare, qui remplacent le quartier et les fractions de la perche.

Le centiare et le milliare, dont il est si difficile de se passer, puisque sans cela il faudrait exprimer la superficie de la porte d'une chambre et celle du marbre d'une chiffonniere en parties de l'are, ce qui ferait venir alors des zéros, avant les chiffres, ce que tout le monde ne comprend pas.

Parmi les mesures de solidité,

Le myriastere, si nécessaire pour exprimer le cube des eaux des fleuves, des hautes montagnes, &c.

Le kilostere et l'hectostere, si utiles pour exprimer celui des grands édifices terrestres, &c.

Et le décastere, qui exprime beaucoup mieux la provision de bois des fortes maisons, que le stere, qui ne vaut qu'une demi-voie.

Parmi les mesures à liquide,

Le myrialitre, si nécessaire pour exprimer les grandes récoltes en liquide.

Le demi kilolitre, le double hectolitre, et le demi hectolitre, dont l'usage est si général, sous les noms de *muids*, *pieces*, *feuillettes* & *quartaut*,

Le double décalitre et le demi décalitre, qui sont le nouveau baril et le nouveau broc.

Le demi litre et le double décilitre, qui sont la nouvelle chopine et le nouveau demi septier.

Parmi les mesures à grains,

Le myrialitre, aussi nécessaire pour les grandes récoltes que le myrialitre à liquides.

Le demi hectolitre, le double décalitre et le demi décalitre, si connus sous les noms de *mine*, *boisseau* et *demi boisseau*.

Enfin, parmi les mesures de pesanteur,

Le myriagrave, si nécessaire pour exprimer les pesanteurs des vaisseaux et grands édifices.

Le kilograve, qui remplace le *millier*, et l'hectograve, qui remplace le *quintal*.

Si pour se justifier, le Conseil des mesures prétend que les *demis* et les *doubles* ne sont point des *mesures*, alors j'établis la même prétention que lui, et comme ma nomenclature se réduit par ce moyen à onze mots, il en résulte nécessairement que j'en ai deux fois moins que lui, et que par conséquent il a cherché à subtiliser, à *finasser*, en supprimant les mots qu'on vient de lire; mais c'est où l'on reconnaît ordinairement les gens qui ont plus d'amour-propre que d'amour pour la chose; ils aiment mieux gâter leur affaire que de se rendre aux bonnes raisons; aussi n'ont-ils jamais qu'un moment de triomphe; l'opinion étant là, qui fait justice de leur escobarderie, sans s'embarrasser de leur réputation, ni du degré de puissance de ceux qui les protégent.

De l'Imprimerie de PELLIER, rue des Carmes.

A 1 Centime.	} La chose.
A 10 c., *ou* à 1 fr. . .	

(1).		33	33	400	400
2	2	34	34	500	500
3	3	35	35	600	600
4	4	36	36	700	700
5	5	37	37	800	800
6	6	38	38	900	900
7	7	39	39	1000	1000
8	8	40	40	2000	2000
9	9	50	50	3000	3000
10	10	60	60	4000	4000
11	11	70	70	5000	5000
12	12	80	80	6000	6000
13	13	90	90	7000	7000
14	14	100	100	8000	8000
15	15	200	200	9000	9000
16	16	300	300	10000	10000
17	17				
18	18				
19	19				
20	20				
21	21				
22	22				
23	23				
24	24				
25	25				
26	26				
27	27				
28	28				
29	29				
30	30				
31	31				
32	32				

Les 3 quarts	0075
Le demi	0050
Le quart	0025
Le huitième	0012
Les 2 tiers	0067
Le tiers	0033
Le sixième . . .	0016
Le douzième . .	0008

(1) A 1 centime ou 2 d. 4 dix. *la chose*, les 2 derniers chiffres sont toujours des centimes, comme ceci : 2 centimes.

A 10 centimes ou 2 sols *la chose*, le dernier chiffre seul devient dixaine de centimes, comme ceci : 20 centimes.

Et à 1 f. *la chose*, tous les chiffres sont des francs, comme ceci : 2 francs.

Ainsi de tous les autres comptes faits.

1 centi. par jour, fait par an	3 f.	65 c.
10	36	50 c.
1 f.	365	

A 2 Centimes . . . .
A 20 c., *ou* à 2 fr. . } La chose.

	(1).	33	66	400	800
2	4	34	68	500	1000
3	6	35	70	600	1200
4	8	36	72	700	1400
5	10	37	74	800	1600
6	12	38	76	900	1800
7	14	39	78	1000	2000
8	16	40	80	2000	4000
9	18	50	100	3000	6000
10	20	60	120	4000	8000
11	22	70	140	5000	10000
12	24	80	160	6000	12000
13	26	90	180	7000	14000
14	28	100	200	8000	16000
15	30	200	400	9000	18000
16	32	300	600	10000	20000
17	34				
18	36				
19	38				
20	40				
21	42				
22	44				
23	46				
24	48				
25	50				
26	52				
27	54				
28	56				
29	58				
30	60				
31	62				
32	64				

Les 3 quarts . . .	0150
Le demi	0100
Le quart.	0050
Le huitième. . .	0025
Les 2 tiers	0133
Le tiers	0067
Le sixième. . . .	0033
Le douzième . .	0017

(1) A 2 centimes ou 4 d. 8 dix. *la chose* les 2 derniers chiffres sont toujours des centimes, comme ceci : 4 centimes.

A 20 centimes ou 4 sols *la chose*, le dernier chiffre seul devient dizaine de centimes, comme ceci : 40 centimes.

Et à 2 f. *la chose*, tous les chiffres sont des francs, comme ceci : 4 f.

Ainsi de tous les autres comptes faits.

2 centi. par jour font par an	7 f.	30 c.
20	73	
2 f.	730	

4 $\frac{8}{10}$ 4

A 3 Centimes . . . .
A 30 c., *ou* à 3 fr. } La chose.

(1).		33	99	400	1200
2	6	34	102	500	1500
3	9	35	105	600	1800
4	12	36	108	700	2100
5	15	37	111	800	2400
6	18	38	114	900	2700
7	21	39	117	1000	3000
8	24	40	120	2000	6000
9	27	50	150	3000	9000
10	30	60	180	4000	12000
11	33	70	210	5000	15000
12	36	80	240	6000	18000
13	39	90	270	7000	21000
14	42	100	300	8000	24000
15	45	200	600	9000	27000
16	48	300	900	10000	30000
17	51				
18	54				
19	57				
20	60				
21	63				
22	66				
23	69				
24	72				
25	75				
26	78				
27	81				
28	84				
29	87				
30	90				
31	93				
32	96				

Les 3 quarts . . .	0225
Le demi	0150
Le quart. . . .	0075
Le huitième . .	0037
Les 2 tiers. . .	0200
Le tiers	0100
Le sixième . . .	0050
Le douzième . .	0025

(1) A 3 centimes ou 7 d. 2 dix. *la chose*, les 2 derniers chiffres sont toujours des centimes, comme ceci : 6 centimes.

A 30 centimes ou 6 sols *la chose*, le dernier chiffre seul devient dixaine de centimes, comme ceci : 60 centimes.

Et à 3 f. *la chose*, tous les chiffres sont des francs, comme ceci : 6 f.

Ainsi de tous les autres comptes faits.

3 centi. par jour font par an	10 f.	95 c.
30	109	50
3 f.	1095	

7 d. $\frac{2}{10}$ 6 s.

A 4 Centimes . . . . } La chose.
A 40 c., *ou* à 4 fr. . }

	(1).	33	132	400	1600
2	8	34	136	500	2000
3	12	35	140	600	2400
4	16	36	144	700	2800
5	20	37	148	800	3200
6	24	38	152	900	3600
7	28	39	156	1000	4000
8	32	40	160	2000	8000
9	36	50	200	3000	12000
10	40	60	240	4000	16000
11	44	70	280	5000	20000
12	48	80	320	6000	24000
13	52	90	360	7000	28000
14	56	100	400	8000	32000
15	60	200	800	9000	36000
16	64	300	1200	10000	40000
17	68				
18	72				
19	76				
20	80				
21	84				
22	88				
23	92				
24	96				
25	100				
26	104				
27	108				
28	112				
29	116				
30	120				
31	124				
32	128				

Les 3 quarts	0300
Le demi	0200
Le quart	0100
Le huitième . . .	0050
Les 2 tiers	0267
Le tiers	0133
Le sixième. . . .	0067
Le douzième . . .	0033

(1) A 4 centimes ou 9 d. 6 dix. *la chose*, les 2 derniers chiffres sont toujours des centimes, comme ceci : 8 centimes.

A 40 centimes ou 8 sols *la chose*, le dernier chiffre seul devient dixaine de centimes, comme ceci : 80 centimes.

Et à 4 f. *la chose*, tous les chiffres sont des francs, comme ceci : 8 f.

Ainsi de tous les autres comptes faits.

4 centi. par jour font par an 14 f. 60 c.
40 . . . . 146.
4 f. . . . . 1460.

9 d. 6/10 8 s.

A 5 Centimes . . . . .
A 50 c., *ou* à 5 fr. . . } La chose.

(1).		33	165	400	2000
2	10	34	170	500	2500
3	15	35	175	600	3000
4	20	36	180	700	3500
5	25	37	185	800	4000
6	30	38	190	900	4500
7	35	39	195	1000	5000
8	40	40	200	2000	10000
9	45	50	250	3000	15000
10	50	60	300	4000	20000
11	55	70	350	5000	25000
12	60	80	400	6000	30000
13	65	90	450	7000	35000
14	70	100	500	8000	40000
15	75	200	1000	9000	45000
16	80	300	1500	10000	50000
17	85				
18	90				
19	95				
20	100				
21	105				
22	110				
23	115				
24	120				
25	125				
26	130				
27	135				
28	140				
29	145				
30	150				
31	155				
32	160				

Les 3 quarts . . .	0375
Le demi	0250
Le quart	0125
Le huitième . . .	0063
Les 2 tiers	0333
Le tiers	0167
Le sixième. . . .	0084
Le douzième . .	0042

(1) A 5 centimes ou 1 sol *la chose*, le 2 derniers chiffres sont toujours des centimes comme ceci : 10 centimes.

A 50 centimes ou 10 sols *la chose*, le dernier chiffre seul devient dixaine de centimes, comme ceci : 1 f. 0 centimes.

Et à 5 f. *la chose*, tous les chiffres sont des francs, comme ceci : 10 f.

Ainsi de tous les autres comptes faits.

5 centi. par jour font par an	18 f.	25 c.
50	182	50.
5 f.	1825.	

A 6 Centimes . . . .
A 60 c., *ou* à 6 fr., } La chose.

	(1).	33	198	400	2400
2	12	34	204	500	3000
3	18	35	210	600	3600
4	24	36	216	700	4200
5	30	37	222	800	4800
6	36	38	228	900	5400
7	42	39	234	1000	6000
8	48	40	240	2000	12000
9	54	50	300	3000	18000
10	60	60	360	4000	24000
11	66	70	420	5000	30000
12	72	80	480	6000	36000
13	78	90	540	7000	42000
14	84	100	600	8000	48000
15	90	200	1200	9000	54000
16	96	300	1800	10000	60000
17	102				
18	108				
19	114				
20	120				
21	126				
22	132				
23	138				
24	144				
25	150				
26	156				
27	162				
28	168				
29	174				
30	180				
31	186				
32	192				

Les 3 quarts	0450
Le demi	0300
Le quart	0150
Le huitième . . .	0075
Les 2 tiers	0400
Le tiers	0200
Le sixième. . . .	0100
Le douzième . .	0050

(1) A 6 centimes ou 1 sol 2 d. 4 dix. *la chose*, les 2 derniers chiffres sont toujours des centimes, comme ceci : 12 centimes.

A 60 centimes ou 12 sols *la chose*, le dernier chiffre seul devient dixaine de centimes, comme ceci : 1 franc 20 centimes.

Et à 6 f. *la chose*, tous les chiffres sont des francs, comme ceci : 12 f.

Ainsi de tous les autres comptes faits.

6 centi. par jour font par an . . . 21 f. 90 c.
60 . . . . 219.
6 f. . . . . 2190.

1 s. 2 d. 4/10 . . . 12 s.

A 7 Centimes . . . . , }
A 70 c., *ou* à 7 fr. . } La chose.

(1).	
2 v.	14
3	21
4	28
5	35
6	42
7	49
8	56
9	63
10	70
11	77
12	84
13	91
14	98
15	105
16	112
17	119
18	126
19	133
20	140
21	147
22	154
23	161
24	168
25	175
26	182
27	189
28	196
29	203
30	210
31	217
32	224

33 v.	231
34	238
35	245
36	252
37	259
38	266
39	273
40	280
50	350
60	420
70	490
80	560
90	630
100	700
200	1400
300	2100

400	2800
500	3500
600	4200
700	4900
800	5600
900	6300
1000	7000
2000	14000
3000	21000
4000	28000
5000	35000
6000	42000
7000	49000
8000	56000
9000	63000
10000	70000

Les 3 quarts . . .	0525
Le demi	0350
Le quart	0175
Le huitième . . .	0087
Les 2 tiers	0467
Le tiers.	0233
Le sixième . . .	0116
Le douzième . . .	0058

(1) A 7 centimes, ou 1 sol 4 d. 8 dix. *la chose*, les 2 derniers chiffres sont toujours des centimes, comme ceci : 14 centimes.

A 70 centimes ou 14 sols *la chose*, le dernier chiffre seul devient dixaine de centimes, comme ceci : 1 franc 40 centimes.

Et à 7 f. *la chose*, tous les chiffres sont des francs, comme ceci : 14 f.

Ainsi de tous les autres comptes faits.

7 centi. par jour font par an	25 f.	55 c
70	255	50.
7 f.	2555.	

1 s. 4 d. $\frac{8}{10}$ 14 s.

A 8 Centimes . . . .
A 80 c., *ou* à 8 fr. . } La chose.

	(1)	33	264	400	3200
2	16	34	272	500	4000
3	24	35	280	600	4800
4	32	36	288	700	5600
5	40	37	296	800	6400
6	48	38	304	900	7200
7	56	39	312	1000	8000
8	64	40	320	2000	16000
9	72	50	400	3000	24000
10	80	60	480	4000	32000
11	88	70	560	5000	40000
12	96	80	640	6000	48000
13	104	90	720	7000	56000
14	112	100	800	8000	64000
15	120	200	1600	9000	72000
16	128	300	2400	10000	80000
17	136				
18	144				
19	152				
20	160				
21	168				
22	176				
23	184				
24	192				
25	200				
26	208				
27	216				
28	224				
29	232				
30	240				
31	248				
32	256				

Les 3 quarts	0600
Le demi	0400
Le quart	0200
Le huitième. . .	0100
Les 2 tiers	0533
Le tiers	0267
Le sixième	0133
Le douzième . .	0067

(1) A 8 centimes ou 1 sol 7 d. 2 dix. *la chose*, les deux derniers chiffres sont toujours des centimes, comme ceci : 16 centimes.

A 80 centimes ou 16 sols *la chose*, le dernier chiffre seul devient dixaine de centimes, comme ceci : 1 franc 60 centimes.

Et à 8 francs *la chose*, tous les chiffres sont des francs, comme ceci : 16 francs.

Ainsi de tous les autres comptes faits.

8 cent. par jour, font par an . . . 29 f. 20 c.
80 292
8 f. 2920

1 s. 7 d. $\frac{2}{10}$ 16 s.

A 9 Centimes . . . . A 90 c., *ou* à 9 fr. . .	} La chose.				
	(1).	33	297	400	3600
2	18	34	306	500	4500
3	27	35	315	600	5400
4	36	36	324	700	6300
5	45	37	333	800	7200
6	54	38	342	900	8100
7	63	39	351	1000	9000
8	72	40	360	2000	18000
9	81	50	450	3000	27000
10	90	60	540	4000	36000
11	99	70	630	5000	45000
12	108	80	720	6000	54000
13	117	90	810	7000	63000
14	126	100	900	8000	72000
15	135	200	1800	9000	81000
16	144	300	2700	10000	90000
17	153				
18	162				
19	171				
20	180				
21	189				
22	198				
23	207				
24	216				
25	225				
26	234				
27	243				
28	252				
29	261				
30	270				
31	279				
32	288				

Les 3 quarts . . .	0675
Le demi	0450
Le quart	0225
Le huitième . . .	0112
Les 2 tiers.	0600
Le tiers	0300
Le sixième . . .	0150
Le douzième. . .	0075

(1) A 9 centimes ou 1 sol 9 d. 6 dix. *la chose*, les deux derniers chiffres sont toujours des centimes, comme ceci : 18 centimes.

A 90 centimes, ou 18 sols *la chose*, le dernier chiffre seul devient dixaine de centimes, comme ceci : 1 franc 80 centimes.

Et à 9 francs *la chose*, tous les chiffres sont des francs, comme ceci : 18 francs.

Ainsi de tous les autres comptes faits.

9 centi. par jour, font par an		32 f. 85 c.
90	. . . .	328 f. 50 c.
9 f.	. . . .	3285 f.

1 s. 9 d. $\frac{6}{10}$ 18 s.

A 10 Centimes . . . .
A 1 fr. 0 c., *ou* à 10 fr. } La chose.

2	20
3	30
4	40
5	50
6	60
7	70
8	80
9	90
10	100
11	110
12	120
13	130
14	140
15	150
16	160
17	170
18	180
19	190
20	200
21	210
22	220
23	230
24	240
25	250
26	260
27	270
28	280
29	290
30	300
31	310
32	320

33	330	400	4000
34	340	500	5000
35	350	600	6000
36	360	700	7000
37	370	800	8000
38	380	900	9000
39	390	1000	10000
40	400	2000	20000
50	500	3000	30000
60	600	4000	40000
70	700	5000	50000
80	800	6000	60000
90	900	7000	70000
100	1000	8000	80000
200	2000	9000	90000
300	3000	10000	100000

Les 3 quarts . . .	0750
Le demi	0500
Le quart	0250
Le huitième . . .	0125
Les 2 tiers. . . .	0667
Le tiers	0333
Le sixième . . .	0167
Le douzième . .	0083

Papier gagnant.			
101	99	106	94
102	98	107	93
103	97	108	92
104	96	109	91
105	95	110	90

Papier perdant.

(Allez page 100).

10 centi. par jour, tout par an	36 l. 50 c.
1 f. 0	365
10	3650

A 11 Centimes . . . . A 1 fr. 10 c., *ou* à 11 fr.	} La chose.

		33	363	400	4400
2	22	34	374	500	5500
3	33	35	385	600	6600
4	44	36	396	700	7700
5	55	37	407	800	8800
6	66	38	418	900	9900
7	77	39	429	1000	11000
8	88	40	440	2000	22000
9	99	50	550	3000	33000
10	110	60	660	4000	44000
11	121	70	770	5000	55000
12	132	80	880	6000	66000
13	143	90	990	7000	77000
14	154	100	1100	8000	88000
15	165	200	2200	9000	99000
16	176	390	3300	10000	110000
17	187				
18	198				
19	209				
20	220				
21	231				
22	242				
23	253				
24	264				
25	275				
26	286				
27	297				
28	308				
29	319				
30	330				
31	341				
32	352				

Les 3 quarts . . .	0825
Le demi	0550
Le quart	0275
Le huitième . .	0137
Les 2 tiers	0733
Le tiers	0367
Le sixième . . .	0183
Le douzième . .	0092

Papier gagnant.				Papier perdant. (Allez page 91).			
110	91	115	87	91	010	96	060
111	90	116	86	92	020	97	070
112	89	117	86	93	030	98	080
113	88	118	85	94	040	99	090
114	88	119	85	95	050		

11 centi. par jour, font par an	40 l.	15 c.
1 f. 10	401	50 c.
11	4015	

A 12 Centimes . . . . A 1 fr. 20 c., *ou* à 12 fr.	} La chose.

		33	396	400	4800
2	24	34	408	500	6000
3	36	35	420	600	7200
4	48	36	432	700	8400
5	60	37	444	800	9600
6	72	38	456	900	10800
7	84	39	468	1000	12000
8	96	40	480	2000	24000
9	108	50	600	3000	36000
10	120	60	720	4000	48000
11	132	70	840	5000	60000
12	144	80	960	6000	72000
13	156	90	1080	7000	84000
14	168	100	1200	8000	96000
15	180	200	2400	9000	108000
16	192	300	3600	10000	120000
17	204				
18	216				
19	228				
20	240				
21	252				
22	264				
23	276				
24	288				
25	300				
26	312				
27	324				
28	336				
29	348				
30	360				
31	372				
32	384				

Les 3 quarts . . .	0900
Le demi	0600
Le quart	0300
Le huitième . . .	0150
Les 2 tiers. . . .	0800
Le tiers	0400
Le sixième . . .	0200
Le douzième . .	0100

Papier gagnant.				Papier perdant. (Allez page 84).			
120	84	125	80	84	005	89	077
121	83	126	79	85	020	90	090
122	82	127	79	86	038		
123	81	128	78	87	050		
124	81	129	78	88	063		

12 centi. par jour, font par an 43 f. 80 c.

1 f. 20 . . . . 438 f.

12 . . . . 4380 f.

2 s. 4 d. 8/10 . . . 1 liv. 4 s.

A 25 Centimes . . . . . } En chose.
A 2 fr. 50 c., *ou* à 25 fr. }

2	50
3	75
4	100
5	125
6	150
7	175
8	200
9	225
10	250
11	275
12	300
13	325
14	350
15	375
16	400
17	425
18	450
19	475
20	500
21	525
22	550
23	575
24	600
25	625
26	650
27	675
28	700
29	725
30	75[illegible]
31	775
32	800

33	825
34	850
35	875
36	900
37	925
38	950
39	975
40	1000
50	1250
60	1500
70	1750
80	2000
90	2250
100	2500
200	5000
300	7500

400	10000
500	12500
600	15000
700	17500
800	20000
900	22500
1000	25000
2000	50000
3000	75000
4000	100000
5000	125000
6000	150000
7000	175000
8000	200000
9000	225000
10000	250000

Les 3 quarts . . .	1875
Le demi	1250
Le quart	0625
Le huitième . . .	0312
Les 2 tiers	1667
Le tiers	0833
Le sixième . . .	0416
Le douzième . . .	0208

A compter de cette page, soit que le papier gagne, soit qu'il perde, le renvoi sert pour les deux.

(Allez page 40),

40 000
41 060

25 centi. par jour, font par an		91 f. 25 c.
2 f. 50	. . . .	912 50
25	. . . .	9125 00

5 . . . 1 . . 2 liv. 10 s.

A 26 Centimes . . . .
A 2 fr. 60 c., *ou* à 26 fr. } La chose.

2	52 c	33	858	400	10400
3	78 c	34	884	500	13000
4	104 c	35	910	600	15600
5	130 c	36	936	700	18200
6	156 c	37	962	800	20800
7	182 c	38	988	900	23400
8	208 c	39	1014	1000	26000
9	234	40	1040	2000	52000
10	260	50	1300	3000	78000
11	286	60	1560	4000	104000
12	312	70	1820	5000	130000
13	338	80	2080	6000	156000
14	364	90	2340	7000	182000
15	390	100	2600	8000	208000
16	416	200	5200	9000	234000
17	442	300	7800	10000	260000
18	468				
19	494				
20	520				
21	546				
22	572				
23	598				
24	624				
25	650				
26	676				
27	702				
28	728				
29	754				
30	780				
31	806				
32	832				

Les 3 quarts	1950
Le demi	1300
Le quart	0650
Le huitième . . .	0325
Les 2 tiers	1733
Le tiers	0867
Le sixième	0433
Le douzième . . .	0217

(Allez page 39).

39 40

26 centi. par jour, font par an	94 f.	90 c.
60	949	00
26	9490	00

5 s. 2 d. $\frac{4}{10}$ 2 liv. 12 s.

A 27 Centimes
A 2 fr. 70 c., *ou* à 27 fr. } La chose.

		33	891	400	10800
2	54	34	918	500	13500
3	81	35	945	600	16200
4	108	36	972	700	18900
5	135	37	999	800	21600
6	162	38	1026	900	24300
7	189	39	1053	1000	27000
8	216	40	1080	2000	54000
9	243	50	1350	3000	81000
10	270	60	1620	4000	108000
11	297	70	1890	5000	135000
12	324	80	2160	6000	162000
13	351	90	2430	7000	189000
14	378	100	2700	8000	216000
15	405	200	5400	9000	243000
16	432	300	8100	10000	270000
17	459				
18	486				
19	513				
20	540				
21	567				
22	594				
23	621				
24	648				
25	675				
26	702				
27	729				
28	756				
29	783				
30	810				
31	837				
32	864				

Les 3 quarts . . .	2025
Le demi	1350
Le quart	0675
Le huitième . . .	0337
Les 2 tiers . . .	1800
Le tiers	0900
Le sixième	0450
Le douzième . . .	0225

(Aller page 37).

37	000
38	070

... cent. par jour, font par an	98 f. 55 c.
2 f. 70	985 50
27	9855 00

5 s. 4 d. $\frac{8}{10}$ 2 liv. 14 s.

A 28 Centimes . . . .
A 2 fr. 80 c., *ou* à 28 fr. } La chose.

		33	924	400	11200
2	56	34	952	500	14000
3	84	35	980	600	16800
4	112	36	1008	700	19600
5	140	37	1036	800	22400
6	168	38	1064	900	25200
7	196	39	1092	1000	28000
8	224	40	1120	2000	56000
9	252	50	1400	3000	84000
10	280	60	1680	4000	112000
11	308	70	1960	5000	140000
12	336	80	2240	6000	168000
13	364	90	2520	7000	196000
14	392	100	2800	8000	224000
15	420	200	5600	9000	252000
16	448	300	8400	10000	280000
17	476				
18	504				
19	532				
20	560				
21	588				
22	616				
23	644				
24	672				
25	700				
26	728				
27	756				
28	784				
29	812				
30	840				
31	868				
32	896				

Les 3 quarts . . .	2100
Le demi	1400
Le quart	0700
Le huitième . . .	0350
Les 2 tiers	1867
Le tiers	0933
Le sixième	0467
Le douzième . . .	0233

(Allez page 36)

36 030

28 centi. par jour, font par an	102 f. 20 c.
2 f. 80	1022 00
28	10220 00

5 s. 7 d. $\frac{2}{10}$. 2 liv. 16 s.

A 29 Centimes . . . . . }
A 2 fr. 90 c., *ou* à 29 fr. } La chose.

		33	957	400	11600
2	58	34	986	500	14500
3	87	35	1015	600	17400
4	116	36	1044	700	20300
5	145	37	1073	800	23200
6	174	38	1102	900	26100
7	203	39	1131	1000	29000
8	232	40	1160	2000	58000
9	261	50	1450	3000	87000
10	290	60	1740	4000	116000
11	319	70	2030	5000	145000
12	348	80	2320	6000	174000
13	377	90	2610	7000	203000
14	406	100	2900	8000	232000
15	435	200	5800	9000	261000
16	464	300	8700	10000	290000
17	493				
18	522	Les 3 quarts		2175	
19	551	Le demi		1450	
20	580	Le quart		0725	
21	609	Le huitième . . .		0363	
22	638	Les 2 tiers		1932	
23	667	Le tiers		0967	
24	696	Le sixième		0484	
25	725	Le douzième . . .		0242	
26	754				
27	783				
28	812				
29	841				
30	870				
31	899				
32	928				

(Allez page 35).

35 o3o

29 centi. par jour, font par an	105 f.	85 c.
2 f. 90	1058	50
29	10585	00

5 s. 9 d. $\frac{6}{10}$. 12 2 liv. 18 s.

A 30 Centimes ....
A 3 fr. 0 c., ou à 30 fr. } La chose.

2	60	33	990	400	12000
3	90	34	1020	500	15000
4	120	35	1050	600	18000
5	150	36	1080	700	21000
6	180	37	1110	800	24000
7	210	38	1140	900	27000
8	240	39	1170	1000	30000
9	270	40	1200	2000	60000
10	300	50	1500	3000	90000
11	330	60	1800	4000	120000
12	360	70	2100	5000	150000
13	390	80	2400	6000	180000
14	420	90	2700	7000	210000
15	450	100	3000	8000	240000
16	480	200	6000	9000	270000
17	510	300	9000	10000	300000
18	540				
19	570				
20	600				
21	630				
22	660				
23	690				
24	720				
25	750				
26	780				
27	810				
28	840				
29	870				
30	900				
31	930				
32	960				

Les 3 quarts ...	2250
Le demi	1500
Le quart	0750
Le huitième ..	0375
Les 2 tiers ...	2000
Le tiers	1000
Le sixième ...	0500
Le douzième ..	0250

(Allez page 34).

34 660

30 cent. par jour, font par an	109 f. 50 c.
3 f. 00	1095 00
30	10950 00

A 31 Centimes
A 3 fr. 10 c., *ou* à 31 fr. } la chose.

[illegible]	[illegible]	33	1623	400	12400
2	62	34	1054	500	15500
3	93	35	1085	600	18600
4	124	36	1116	700	21700
5	155	37	1147	800	24800
6	186	38	1178	900	27900
7	217	39	1209	1000	31000
8	248	40	1240	2000	62000
9	279	50	1550	3000	93000
10	310	60	1860	4000	124000
11	341	70	2170	5000	155000
12	372	80	2480	6000	186000
13	403	90	2790	7000	217000
14	434	100	3100	8000	248000
15	465	200	6200	9000	279000
16	496	300	9300	10000	310000
17	527				
18	558	Les 3 quarts . . .	2325		
19	589	Le demi	1550		
20	620	Le quart	0775		
21	651	Le huitième . . .	0387		
22	682	Les 2 tiers	2067		
23	713	Le tiers	1033		
24	744	Le sixième	0516		
25	775	Le douzième . . .	0258		
26	806				
27	837				
28	868				
29	899				
30	930				
31	961				
32	992				

(Allez page 33).

23 070

31 centi. par jour, font par an .	113 f.	15 c.
31 f. 10	1131	50
31	11315	00

6 ; 2 H. 1/10 3 H. 2 s.

A 32 Centimes . . . .
A 3 fr. 20 c., *ou* à 32 fr. } La chose.

		33	1056	400	12800
2	64	34	1088	500	16000
3	96	35	1120	600	19200
4	128	36	1152	700	22400
5	160	37	1184	800	25600
6	192	38	1216	900	28800
7	224	39	1248	1000	32000
8	256	40	1280	2000	64000
9	288	50	1600	3000	96000
10	320	60	1920	4000	128000
11	352	70	2240	5000	160000
12	384	80	2560	6000	192000
13	416	90	2880	7000	224000
14	448	100	3200	8000	256000
15	480	200	6300	9000	288000
16	512	300	9600	10000	320000
17	544				
18	576				
19	608				
20	640				
21	672				
22	704				
23	736				
24	768				
25	800				
26	832				
27	864				
28	896				
29	928				
30	960				
31	992				
32	1024				

Les 3 quarts . . .	2400
Le demi . . . . ,	1600
Le quart	0800
Le huitième . . .	0400
Les 2 tiers	2133
Le tiers.	1067
Le sixième	0533
Le douzième . . .	0267

(Allez page 32).

32 075

32 centi. par jour, font par an	116 f. 80 c.
3 f. 20	1168 00
3	11608 00

9 s. 4 d. $\frac{8}{10}$ 3 liv. 4 s.

A 33 Centimes . . . . }
A 3 fr. 30 c., *ou* à 33 fr. } La chose.

2	66	33	1089	400	13200
3	99	34	1122	500	16500
4	132	35	1155	600	19800
5	165	36	1188	700	23100
6	198	37	1221	800	26400
7	231	38	1254	900	29700
8	264	39	1287	1000	33000
9	297	40	1320	2000	66000
10	330	50	1650	3000	99000
11	363	60	1980	4000	132000
12	396	70	2310	5000	165000
13	429	80	2640	6000	198000
14	462	90	2970	7000	231000
15	495	100	3300	8000	264000
16	528	200	6600	9000	297000
17	561	300	9900	10000	330000
18	594				
19	627				
20	660				
21	693				
22	726				
23	759				
24	792				
25	825				
26	858				
27	891				
28	924				
29	957				
30	990				
31	1023				
32	1056				

Les 3 quarts . . .	2475
Le demi	1650
Le quart	0825
Le huitième . . .	0412
Les 2 tiers	2200
Le tiers	1100
Le sixième. . . .	0550
Le douzième . . .	0275

(Allez page 31).

31 065

33 centi. par jour, font par an	120 f.	45 c.
3 f. 30	1204	50
33	12045	00

6 s. 7 d. 2/10 3 liv. 6 s.

A 34 Centimes . . . . } La chose.
A 3 fr. 40 c., *ou* à 34 fr. }

		33	1122	400	13600
2	68	34	1156	500	17000
3	102	35	1190	600	20400
4	136	36	1224	700	23800
5	170	37	1258	800	27200
6	204	38	1292	900	30600
7	238	39	1326	1000	34000
8	272	40	1360	2000	68000
9	306	50	1700	3000	102000
10	340	60	2040	4000	136000
11	374	70	2380	5000	170000
12	408	80	2720	6000	204000
13	442	90	3060	7000	238000
14	476	100	3400	8000	272000
15	510	200	6800	9000	306000
16	544	300	10200	10000	340000
17	578				
18	612	Les 3 quarts . . .		2550	
19	646	Le demi		1700	
20	680	Le quart		0850	
21	714	Le huitième . . .		0425	
22	748	Les 2 tiers		2267	
23	782	Le tiers		1133	
24	816	Le sixième		0567	
25	850	Le douzième . . .		0284	
26	884				
27	918				
28	952				
29	986				
30	1020				
31	1054				
32	1088				

(Allez page 30).

30 070

34 centi. par jour, font par an	124 f.	10 c.
3 f. 40	1241	00
4	12410	00

6 9 6/10 3 6

A 35 Centimes . . . .
A 3 fr. 50 c., *ou* à 35 fr. } La chose.

2	70
3	105
4	140
5	175
6	210
7	245
8	280
9	315
10	350
11	385
12	420
13	455
14	490
15	525
16	560
17	595
18	630
19	665
20	700
21	735
22	770
23	805
24	840
25	875
26	910
27	945
28	980
29	1015
30	1050
31	1085
32	1120

33	1155
34	1190
35	1225
36	1260
37	1295
38	1330
39	1365
40	1400
50	1750
60	2100
70	2450
80	2800
90	3150
100	3500
200	7000
300	10500

400	14000
500	17500
600	21000
700	24500
800	28000
900	31500
1000	35000
2000	70000
3000	105000
4000	140000
5000	175000
6000	210000
7000	245000
8000	280000
9000	315000
10000	350000

Les 3 quarts . . .	2625
Le demi	1750
Le quart	0875
Le huitième . . .	0437
Les 2 tiers	2333
Le tiers	1167
Le sixième	0584
Le douzième . .	0292

(Allez page 29).

29 650

35 centi. par jour, font par an 127 f. 75 c.
3 f. 50 . . . . 1277 50
35 . . . . 12775 00

7 3 liv. 10

A 36 Centimes . . . .
A 3 fr. 60 c., *ou* à 36 fr. } La chose.

		33	1188	400	14400
2	72	34	1224	500	18000
3	108	35	1260	600	21600
4	144	46	1296	700	25200
5	180	37	1332	800	28800
6	216	38	1368	900	32400
7	252	39	1404	1000	36000
8	288	40	1440	2000	72000
9	324	50	1800	3000	108000
10	360	60	2160	4000	144000
11	396	70	2520	5000	180000
12	432	80	2880	6000	216000
13	468	90	3240	7000	252000
14	504	100	3600	8000	288000
15	540	200	7200	9000	324000
16	576	300	10800	10000	360000
17	612				
18	648				
19	684				
20	720				
21	756				
22	792				
23	828				
24	864				
25	900				
26	936				
27	972				
28	1008				
29	1044				
30	1080				
31	1116				
32	1152				

Les 3 quarts	2700
Le demi	1800
Le quart	0900
Le huitième . . .	0450
Les 2 tiers	2400
Le tiers	1200
Le sixième	0600
Le douzième . . .	0300

(Allez page 28).

28 030

36 centi. par jour, font par an	131 f. 40 c.
3 f. 60	1314 00
36	13140 00

7 s. 2 d. 4/10. 3 liv. 12 s.

A 13 Centimes ..... } La chose.
A 1 fr. 30 c., *ou* à 13 fr. }

		33	429	400	5200
2	26	34	442	500	6500
3	39	35	455	600	7800
4	52	36	468	700	9100
5	65	37	481	800	10400
6	78	38	494	900	11700
7	91	39	507	1000	13000
8	104	40	520	2000	26000
9	117	50	650	3000	39000
10	130	60	780	4000	52000
11	143	70	910	5000	65000
12	156	80	1040	6000	78000
13	169	90	1170	7000	91000
14	182	100	1300	8000	104000
15	195	200	2600	9000	117000
16	208	300	3900	10000	130000
17	221				
18	234				
19	247				
20	260				
21	273				
22	286				
23	299				
24	312				
25	325				
26	338				
27	351				
28	364				
29	377				
30	390				
31	403				
32	416				

Les 3 quarts . . .	0975
Le demi	0650
Le quart	0325
Le huitième . . .	0162
Les 2 tiers. . . .	0867
Le tiers.	0433
Le sixième . . .	0217
Le douzième . .	0108

Papier gagnant.				Papier perdant.			
				(Allez page 77).			
130	77	135	75	77	000	82	075
131	77	136	74	78	015	83	090
132	76	137	74	79	030		
133	76	138	73	60	045		
134	75	139	75	81	060		

13 centi. par jour, font par an 47 f. 45 c.
1 f. 30 . . . . 474 50
13 4745

A 14 Centimes } La chose.
A 1 fr. 40 c., *ou* à 14 fr. }

1	14	33	462	400	5600
2	28	34	476	500	7000
3	42	35	490	600	8400
4	56	36	504	700	9800
5	70	37	518	800	11200
6	84	38	532	900	12600
7	98	39	546	1000	14000
8	112	40	560	2000	28000
9	126	50	700	3000	42000
10	140	60	840	4000	56000
11	154	70	980	5000	70000
12	168	80	1120	6000	84000
13	182	90	1260	7000	98000
14	196	100	1400	8000	112000
15	210	200	2800	9000	126000
16	224	300	4200	10000	140000
17	238				
18	252				
19	266				
20	280				
21	294				
22	308				
23	322				
24	336				
25	350				
26	364				
27	378				
28	392				
29	406				
30	420				
31	434				
32	448				

Les 3 quarts. . . .	1050
Le demi.	0700
Le quart.	0350
Le huitième . . .	0175
Les 2 tiers. . . .	0933
Le tiers	0467
Le sixième	0233
Le douzième . . .	0116

Papier gagnant.

140 } 141 }	72	145	70
142 } 143 }	71	146 } 147 }	69
144	70	148 } 149 }	68

Papier perdant.

(Allez page 72).

72	010
73	030
74	050
75	070
76	090

14 centi. par jour, font par an . . . 51 f. 16 c.
1 f. 40 . . . . 511 . 00
14 5110

A 15 Centimes
A 1 fr. 50 c. ou à 15 fr. } La chose.

[illegible]	[illegible]	33	495	400	6000
2	30	34	510	500	7500
3	45	35	525	600	9000
4	60	36	540	700	10500
5	75	37	555	800	12000
6	90	38	570	900	13500
7	105	39	585	1000	15000
8	120	40	600	2000	30000
9	135	50	750	3000	45000
10	150	60	900	4000	60000
11	165	70	1050	5000	75000
12	180	80	1200	6000	90000
13	195	90	1350	7000	105000
14	210	100	1500	8000	120000
15	225	200	3000	9000	135000
16	240	300	4500	10000	150000
17	255				
18	270				
19	285				
20	300				
21	315				
22	330				
23	345				
24	360				
25	375				
26	390				
27	405				
28	420				
29	435				
30	450				
31	465				
32	480				

Les 3 quarts	1125
Le demi	0750
Le quart.	0375
Le huitième	0187
Les 2 tiers	1000
Le tiers.	0500
Le sixième	0250
Le douzième	0125

Papier gagnant.

150, 151 }	67	155, 156 }	65
153, 154 }	66	157, 158, 159 }	64
154	65		

Papier perdant.

(Allez page 67).

67	010
68	050
69	030
70	070
71	080

15 centi. par jour, font par an . . .	54 fr.	75 c.
1 f. 50 c.	547	50
15	5475	00

3   1 liv. 10 s.

A 16 Centimes . . . . . .
A 1 fr. 60 c., *ou* à 16 fr. } La chose.

2	32	33	528	400	6400
3	48	34	544	500	8000
4	64	35	560	600	9600
5	80	36	576	700	11200
6	96	37	592	800	12800
7	112	38	608	900	14400
8	128	39	624	1000	16000
9	144	40	640	2000	32000
10	160	50	800	3000	48000
11	176	60	960	4000	64000
12	192	70	1120	5000	80000
13	208	80	1280	6000	96000
14	224	90	1440	7000	112000
15	240	100	1600	8000	128000
16	256	200	3200	9000	144000
17	272	300	4800	10000	160000
18	288				
19	304				
20	320				
21	336				
22	352				
23	368				
24	384				
25	400				
26	416				
27	432				
28	448				
29	464				
30	480				
31	496				
32	512				

Les 3 quarts . . .	1200
Le demi	0800
Le quart	0400
Le huitième	0200
Les 2 tiers	1067
Le tiers.	0533
Le sixième	0267
Le douzième	0133

Papier gaguant.				Papier perdant.	
				(Allez page 63).	
160, 161	63	165, 166	61	63	020
162, 163	62	167, 168, 169	60	64	040
164	61			65	060
				66	090

16 centi. par jour, font par an . . . 58 f. 40 c.
1 f. 60 . . . . 543 00
16 . . . . 5840 00

3 s. 2 d. 4 dix. 1 liv. 12 s.

A 17 Centimes . . . .
A 1 fr. 70 c., *ou* à 17 fr. } La chose.

		33	561	400	6800
2	34	34	578	500	8500
3	51	35	595	600	10200
4	68	36	612	700	11900
5	85	37	629	800	13600
6	102	38	646	900	15300
7	119	39	663	1000	17000
8	136	40	680	2000	34000
9	153	50	850	3000	51000
10	170	60	1020	4000	68000
11	187	70	1190	5000	85000
12	204	80	1360	6000	102000
13	221	90	1530	7000	119000
14	238	100	1700	8000	136000
15	255	200	3400	9000	153000
16	272	300	5100	10000	170000
17	289				
18	306				
19	323				
20	340				
21	357				
22	374				
23	391				
24	408				
25	425				
26	442				
27	459				
28	476				
29	493				
30	510				
31	527				
32	544				

Les 3 quarts . . .	1275
Le demi	0850
Le quart	0425
Le huitième . . .	0212
Les 2 tiers.	1133
Le tiers	0567
Le sixième	0283
Le douzième . . .	0142

Papier gagnant.

170, 171, 172	59	175	58
173, 174	58	176, 177, 178	57
		179	

Papier perdant.

(Allez page 59)

59	010
60	040
61	065
62	090

17 centi. par jour, font par an	62 f.	05 c.
1 f. 70	620	50
17	6205	.00

A 18 Centimes } La chose.
A 1 fr. 80 c., *ou* à 18 fr. }

		33	594	400	7200
2	36	34	612	500	9000
3	54	35	630	600	10800
4	72	36	648	700	12600
5	90	37	666	800	14400
6	108	38	684	900	16200
7	126	39	702	1000	18000
8	144	40	720	2000	36000
9	162	50	900	3000	54000
10	180	60	1080	4000	72000
11	198	70	1260	5000	90000
12	216	80	1440	6000	108000
13	234	90	1620	7000	126000
14	252	100	1800	8000	144000
15	270	200	3600	9000	162000
16	288	300	5400	10000	180000
17	306				
18	324				
19	342				
20	360				
21	378				
22	396				
23	414				
24	432				
25	450				
26	468				
27	486				
28	504				
29	522				
30	540				
31	558				
32	576				

Les 3 quarts . . .	1350
Le demi	0900
Le quart	0450
Le huitième . . .	0225
Les 2 tiers.	1200
Le tiers.	0600
Le sixième	0300
Le douzième. . . .	0150

Papier ge. uant

480, 481, 482	56	185	53
183, 184	55	186, 187, 188, 189	54

Papier perdant

(Allez page 56.)

56	020
57	030
58	080

18 centi. par jour, font par an 65 f. 70 c.

1 f. 80 . . . . 657 [illegible]

18 . . . . 6570 [illegible]00

3 7 2 dix. 10 16 3

A 19 Centimes [illegible] } La chose.
A 1 fr. 90 c., ou à 19 fr. }

[illegible]	[illegible]	33	627	400	7600
2	38	34	646	500	9500
3	57	35	665	600	11400
4	76	36	684	700	13300
5	95	37	703	800	15200
6	114	38	722	900	17100
7	133	39	741	1000	19000
8	152	40	760	2000	38000
9	171	50	950	3000	57000
10	190	60	1140	4000	76000
11	209	70	1330	5000	95000
12	228	80	1520	6000	114000
13	247	90	1710	7000	133000
14	266	100	1900	8000	152000
15	285	200	3800	9000	171000
16	304	300	5700	10000	190000
17	323				
18	342				
19	361				
20	380				
21	399				
22	418				
23	437				
24	456				
25	475				
26	494				
27	513				
28	532				
29	551				
30	570				
31	589				
32	608				

Les 3 quarts . . .	1425
Le demi	0950
Le quart	0475
Le huitième . . .	0238
Les 2 tiers	1267
Le tiers	0633
Le sixième	0317
Le douzième . . .	0158

Papier gagnant.

190, 191, 192 } 53
193, 194 } 52
195 } 52
196, 197, 198, 199 } 51

Papier perdant.

(Allez page 53).

53	020
54	055
55	096

19 centi. par jour, font par an	69 f.	35 c.
1 f. 90	693	50
19	6935	00

3 s. 9 d. 6 dix. 1 liv. 18 s.

A 20 Centimes . . . .
A 2 fr. 0 c., *ou* à 20 fr. } La chose.

		33	660	400	8000
2	40	34	680	500	10000
3	60	35	700	600	12000
4	80	36	720	700	14000
5	100	37	740	800	16000
6	120	38	760	900	18000
7	140	39	780	1000	20000
8	160	40	800	2000	40000
9	180	50	1000	3000	60000
10	200	60	1200	4000	80000
11	220	70	1400	5000	100000
12	240	80	1600	6000	120000
13	260	90	1800	7000	140000
14	280	100	2000	8000	160000
15	300	200	4000	9000	180000
16	320	300	6000	10000	200000
17	340				
18	360				
19	380				
20	400				
21	420				
22	440				
23	460				
24	480				
25	500				
26	520				
27	540				
28	560				
29	580				
30	600				
31	620				
32	640				

Les 3 quarts . . .	1500
Le demi	1000
Le quart	0500
Le huitième . . .	0250
Les 2 tiers	1333
Le tiers	0667
Le sixième	0333
Le douzième . . .	0167

Papier gagnant.

200, 201, 202, 203, 204	5	205, 206, 207, 208, 209	49

Papier perdant.

(Allez page 50).

50	000
51	040
52	080

20 centi. par jour, font par an	73 f.	00 c.
2 f. 00	730	00
20	7300	00

A 21 Centimes . . . .
A 2 fr. 10 c., *ou* à 21 fr. } La chose.

2	42	33	693	400	8400
3	63	34	714	500	10500
4	84	35	735	600	12600
5	105	36	756	700	14700
6	126	37	777	800	16800
7	147	38	798	900	18900
8	168	39	819	1000	21000
9	189	40	840	2000	42000
10	210	50	1050	3000	63000
11	231	60	1260	4000	84000
12	252	70	1470	5000	105000
13	273	80	1680	6000	126000
14	294	90	1890	7000	147000
15	315	100	2100	8000	168000
16	336	200	4200	9000	189000
17	357	300	6300	10000	210000
18	378				
19	399				
20	420				
21	441				
22	462				
23	483				
24	504				
25	525				
26	546				
27	567				
28	588				
29	609				
30	630				
31	651				
32	672				

Les 3 quarts . . .	1575
Le demi	1050
Le quart.	0525
Le huitième	0262
Les 2 tiers	1400
Le tiers	0700
Le sixième	0350
Le douzième . . .	0175

Papier gagnant.

210, 211, 212, 213, 214 } 48 | 215, 216, 217, 218, 219 } 4..

Papier perdant.
(Allez page 48.)

48	630
49	080

21 centi. par jour, font par an	76 f.	65 c.
2 f. 10	766	50
21	7665	00

4 s. 2 d. 4 dix. 2 liv. 2 s.

A 22 Centimes . . . . } La chose.
A 2 fr. 20 c., *ou* à 22 fr. }

		33	726	400	8800
2	44	34	748	500	11000
3	66	35	770	600	13200
4	88	36	792	700	15400
5	110	37	814	800	17600
6	132	38	836	900	19800
7	154	39	858	1000	22000
8	176	40	880	2000	44000
9	198	50	1100	3000	66000
10	220	60	1320	4000	88000
11	242	70	1540	5000	110000
12	264	80	1760	6000	132000
13	286	90	1980	7000	154000
14	308	100	2200	8000	176000
15	330	200	4400	9000	198000
16	352	300	6600	10000	220000
17	374				
18	396				
19	418				
20	440				
21	462				
22	484				
23	506				
24	528				
25	550				
26	572				
27	594				
28	616				
29	638				
30	660				
31	682				
32	704				

Les 3 quarts . . .	1650
Le demi	1100
Le quart	0550
Le huitième . . .	0275
Les 2 tiers.	1467
Le tiers	0733
Le sixième	0367
Le douzième . . .	0183

Papier gagnant.

220, 221, 222, 223, 224 } 40 | 22, 22, 22, 22, 22 } 4

Papier perdant.
(Allez page 46).

46 ... 660
47 ... 682

22 centi. par jour, font par an	80 f. 30 c.
2 f. 20	803 00
22	8030 00

A 23 Centimes . . . . . . } La chose.
A 2 fr. 30 c. ou à 23 fr. }

[illegible]	[illegible]	33	759	400	9200
2	46	34	782	500	11500
3	69	35	805	600	13800
4	92	36	828	700	16100
5	115	37	851	800	18400
6	138	38	874	900	20700
7	161	39	897	1000	23000
8	184	40	920	2000	46000
9	207	50	1150	3000	69000
10	230	60	1380	4000	92000
11	253	70	1610	5000	115000
12	276	80	1840	6000	138000
13	299	90	2070	7000	161000
14	322	100	2300	8000	184000
15	345	200	4600	9000	207000
16	368	300	6900	10000	230000
17	391				
18	414				
19	437				
20	460				
21	483				
22	506				
23	529				
24	552				
25	575				
26	598				
27	621				
28	644				
29	667				
30	690				
31	713				
32	736				

Les 3 quarts . . .	1725
Le demi	1150
Le quart.	0575
Le huitième . . .	0287
Les 2 tiers	1533
Le tiers.	0767
Le sixième	0383
Le douzième. . .	0192

Papier gagnant.

230, 231, 232, 233, 234 } 4 — 235, 236, 237, 238, 239 } 43

Papier perdant.

(Allez page 44).

44	036
45	080

23 centi. par jour, font par an	83 f.	95 c
2 f. 30	839	50
2[illegible]	8395	00

4 s. 7 d. $\frac{2}{12}$ 2 liv. 6 s.

A 24 Centimes . . . .
A 2 fr. 40 c., *ou* à 24 fr. } La chose.

1		33	792	400	9600
2	48	34	816	500	12000
3	72	35	840	600	14400
4	96	36	864	700	16800
5	120	37	888	800	19200
6	144	38	912	900	21600
7	168	39	936	1000	24000
8	192	40	960	2000	48000
9	216	50	1200	3000	72000
10	240	60	1440	4000	96000
11	264	70	1680	5000	120000
12	288	80	1920	6000	144000
13	312	90	2160	7000	168000
14	336	100	2400	8000	192000
15	360	200	4800	9000	216000
16	384	300	7200	10000	240000
17	408				
18	432				
19	456				
20	480				
21	504				
22	528				
23	552				
24	576				
25	600				
26	624				
27	648				
28	672				
29	696				
30	720				
31	744				
32	768				

Les 3 quarts . . .	1800
Le demi	1200
Le quart	0600
Le huitième . . .	0300
Les 2 tiers	1600
Le tiers	0800
Le sixième	0400
Le douzième . . .	0200

Papier gagnant.

240, 241, 242, 243, 244	42	245, 246, 247, 248, 249	41

Papier perdant.

(Allez page 42).

42	050
42	080

24 centi. par jour, font par an	87 f.	60 c.
2 f. 40	876	00
24	8760	00

4 s. 9 d. 6/10. 2 liv. 8 s.

A 37 Centimes } La chose.
A 3 fr. 70 c., *ou* à 37 fr.

		33	1221	400	14800
2	74	34	1258	500	18500
3	111	35	1295	600	22200
4	148	36	1332	700	25900
5	185	37	1369	800	29600
6	222	38	1406	900	33300
7	259	39	1443	1000	37000
8	296	40	1480	2000	74000
9	333	50	1850	3000	111000
10	370	60	2220	4000	148000
11	407	70	2590	5000	185000
12	444	80	2960	6000	222000
13	481	90	3330	7000	259000
14	518	100	3700	8000	296000
15	555	200	7400	9000	333000
16	592	300	11100	10000	370000
17	629				
18	666				
19	703				
20	740				
21	777				
22	814				
23	851				
24	888				
25	925				
26	962				
27	999				
28	1036				
29	1073				
30	1110				
31	1147				
32	1184				

Les 3 quarts . . .	2775
Le demi	1850
Le quart	0925
Le huitième . . .	0462
Les 2 tiers	2467
Le tiers	1233
Le sixième	0617
Le douzième . . .	0308

(Allez page 27).

27 030

37 centi. par jour, font par an 135 f. 05c.
3 f. 70 . . . . 1350 50
37 . . . . 13505 00

A 38 Centimes . . . .
A 3 fr. 80 c., *ou* à 38 fr. } La chose.

		33	1254	400	15200
2	76	34	1292	500	19000
3	114	35	1330	600	22800
4	152	36	1368	700	26600
5	190	37	1406	800	30400
6	228	38	1444	900	34200
7	266	39	1482	1000	38000
8	304	40	1520	2000	76000
9	342	50	1900	3000	114000
10	380	60	2280	4000	152000
11	418	70	2660	5000	190000
12	456	80	3040	6000	228000
13	494	90	3420	7000	266000
14	532	100	3800	8000	304000
15	570	200	7600	9000	342000
16	608	300	11400	10000	380000
17	646				
18	684				
19	722				
20	760				
21	798				
22	836				
23	874				
24	912				
25	950				
26	988				
27	1026				
28	1064				
29	1102				
30	1140				
31	1178				
32	1216				

Les 3 quarts . . .	2850
Le demi	1900
Le quart	0950
Le huitième . . .	0475
Les 2 tiers	2533
Le tiers	1267
Le sixième	0633
Le douzième . . .	0317

(Allez page 27).

38 centi. par jour, font par an	138 f. 70 c.
3 f. 80	1387. 00
38	13870. 00

7 s. 7 d. 2/10   3 liv. 16 s.

A 39 Centimes . . . . . . } La chose.
A 3 fr. 90 c., *ou* à 39 fr. }

2	78	33	1287	400	15600
3	117	34	1326	500	19500
4	156	35	1365	600	23400
5	195	36	1404	700	27300
6	234	37	1443	800	31200
7	273	38	1482	900	35100
8	312	39	1521	1000	39000
9	351	40	1560	2000	78000
10	390	50	1950	3000	117000
11	429	60	2340	4000	156000
12	468	70	2730	5000	195000
13	507	80	3120	6000	234000
14	546	90	3510	7000	273000
15	585	100	3900	8000	312000
16	624	200	7800	9000	351000
17	663	300	11700	10000	390000
18	702				
19	741				
20	780				
21	819				
22	858				
23	897				
24	936				
25	975				
26	1014				
27	1053				
28	1092				
29	1131				
30	1170				
31	1209				
32	1248				

Les 3 quarts	2925
Le demi	1950
Le quart	0975
Le huitième	0487
Les 2 tiers	2600
Le tiers	1300
Le sixième	0650
Le douzième . . .	0325

(Allez page 26).

26 050

39 centi. par jour, font par an 142 f. 35 c.
3 f. 90 . . . . 1423 50
39 . . . . 14235 00

9 d. 6/10 . . . . . . 3 liv. 18 s.

A 40 Centimes . . . . .
A 4 fr. o c., *ou* à 40 fr. } La chose.

		33	1320	400	16000
2	80	34	1360	500	20000
3	120	35	1400	600	24000
4	160	36	1440	700	28000
5	200	37	1480	800	32000
6	240	38	1520	900	36000
7	280	39	1560	1000	40000
8	320	40	1600	2000	80000
9	360	50	2000	3000	120000
10	400	60	2400	4000	160000
11	440	70	2800	5000	200000
12	480	80	3200	6000	240000
13	520	90	3600	7000	280000
14	560	100	4000	8000	320000
15	600	200	8000	9000	360000
16	640	300	12000	10000	400000
17	680				
18	720				
19	760				
20	800				
21	840				
22	880				
23	920				
24	960				
25	1000				
26	1040				
27	1080				
28	1120				
29	1160				
30	1200				
31	1240				
32	1280				

Les 3 quarts . . .	3000
Le demi . , . . .	2000
Le quart	1000
Le huitième . . .	0500
Les 2 tiers	2667
Le tiers	1333
Le sixième . . .	0667
Le douzième . . .	0333

(Allez page 25).

25 000

40 centi. par jour, font par an 146 f. 00 c.
4 f. 00 . . . . 1460 00
40 . . . . 14600 00

A 41 Centimes . . . . } La chose.
A 4 fr. 10 c., *ou* à 41 fr. }

2	82	33	1353	400	16400
3	123	34	1394	500	20500
4	164	35	1435	600	24600
5	205	36	1476	700	28700
6	246	37	1517	800	32800
7	287	38	1558	900	36900
8	328	39	1599	1000	41000
9	369	40	1640	2000	82000
10	410	50	2050	3000	123000
11	451	60	2460	4000	164000
12	492	70	2870	5000	205000
13	533	80	3280	6000	246000
14	574	90	3690	7000	287000
15	615	100	4100	8000	328000
16	656	200	8200	9000	369000
17	697	300	12300	10000	410000
18	738				
19	779				
20	820				
21	861				
22	902				
23	943				
24	984				
25	1025				
26	1066				
27	1107				
28	1148				
29	1189				
30	1230				
31	1271				
32	1312				

Les 3 quarts	3075
Le demi	2050
Le quart	1025
Le huitième . . .	0512
Les 2 tiers	2733
Le tiers	1367
Le sixième . . .	0683
Le douzième . . .	0342

(Allez page 25).

41 centi. par jour, font par an	149	65 c.
4 f. 10	1496	50
41	14965	00

A 42 Centimes . . . . } La chose
A 4 fr. 20 c., *ou* à 42 fr. }

—		33	1386	400	16800
2	84	34	1428	500	21000
3	126	35	1470	600	25200
4	168	36	1512	700	29400
5	210	37	1554	800	33600
6	252	38	1596	900	37800
7	294	39	1638	1000	42000
8	336	40	1680	2000	84000
9	378	50	2100	3000	126000
10	420	60	2520	4000	168000
11	462	70	2940	5000	210000
12	504	80	3360	6000	252000
13	546	90	3780	7000	294000
14	588	100	4200	8000	336000
15	630	200	8400	9000	378000
16	672	300	12600	10000	420000
17	714				
18	756				
19	798				
20	840				
21	882				
22	924				
23	966				
24	1008				
25	1050				
26	1092				
27	1134				
28	1176				
29	1218				
30	1260				
31	1302				
32	1344				

Les 3 quarts . . .	3150
Le demi	2100
Le quart	1050
Le huitième . . .	0525
Les 2 tiers	2800
Le tiers	1400
Le sixième	0700
Le douzième . . .	0350

(Allez page 24).

24 040

4	42 centi. par jour, font par an	153	30 c.
	f. 20	1533	00
42	. . . .	15330	00

8 s. 4 d. 8/10. 4 liv. 4 s.

A 43 Centimes . . . . . }
A 4 fr. 30 c., *ou* à 43 fr. } La chose.

2	86	33	1419	400	17200
3	129	34	1462	500	21500
4	172	35	1505	600	25800
5	215	36	1548	700	30100
6	258	37	1591	800	34400
7	301	38	1634	900	38700
8	344	39	1677	1000	43000
9	387	40	1720	2000	86000
10	430	50	2150	3000	129000
11	473	60	2580	4000	172000
12	516	70	3010	5000	215000
13	559	80	3440	6000	258000
14	602	90	3870	7000	301000
15	645	100	4300	8000	344000
16	688	200	8600	9000	387000
17	731	300	12900	10000	430000
18	774				
19	817				
20	860				
21	903				
22	946				
23	989				
24	1032				
25	1075				
26	1118				
27	1161				
28	1204				
29	1247				
30	1290				
31	1333				
32	1376				

Les 3 quarts	3225
Le demi	2150
Le quart	1075
Le huitième . . .	0538
Les 2 tiers	2867
Le tiers	1433
Le sixième	0716
Le douzième . . .	0358

(Allez page 24)

43 centi. par jour, font par an	156 f.	95 c.
4 f. 30	1569	50
43	15695	00

8 s. 7 d. $\frac{2}{10}$ 4 liv. 6 s.

A 44 Centimes . . . . } La chose.
A 4 fr. 40 c., *ou* à 44 fr. }

		33	1452	400	17000
2	88	34	1496	500	22000
3	132	35	1540	600	26400
4	176	36	1584	700	30800
5	220	37	1628	800	35200
6	264	38	1672	900	39600
7	308	39	1716	1000	44000
8	352	40	1760	2000	88000
9	396	50	2200	3000	132000
10	440	60	2640	4000	176000
11	484	70	3080	5000	220000
12	528	80	3520	6000	264000
13	572	90	3960	7000	308000
14	616	100	4400	8000	352000
15	660	200	8800	9000	396000
16	704	300	13200	10000	440000
17	748				
18	792				
19	836				
20	880				
21	924				
22	968				
23	1012				
24	1056				
25	1100				
26	1144				
27	1188				
28	1232				
29	1276				
30	1320				
31	1364				
32	1408				

Les 3 quarts . . .	3300
Le demi	2200
Le quart	1100
Le huitième . . .	0550
Les 2 tiers	2933
Le tiers	1467
Le sixième	0733
Le douzième . . .	0367

(Allez page 23).

23 050

44 centi. par jour, font par an	160 f.	60 c.
4 f. 40	1606	00
44	16060	00

8 s. 9 d. 6/10. 4 liv. 8 s.

A 45 Centimes . . . . . . } La chose.
A 4 fr. 50 c., *ou* à 45 fr. }

		33	1485	400	18000
2	90	34	1530	500	22500
3	135	35	1575	600	27000
4	180	36	1620	700	31500
5	225	37	1665	800	36000
6	270	38	1710	900	40500
7	315	39	1755	1000	45000
8	360	40	1800	2000	90000
9	405	50	2250	3000	135000
10	450	60	2700	4000	180000
11	495	70	3150	5000	225000
12	540	80	3600	6000	270000
13	585	90	4050	7000	315000
14	630	100	4500	8000	360000
15	675	200	9000	9000	405000
16	720	300	13500	10000	450000
17	765				
18	810				
19	855				
20	900				
21	945				
22	990				
23	1035				
24	1080				
25	1125				
26	1170				
27	1215				
28	1260				
29	1305				
30	1350				
31	1395				
32	1440				

Les 3 quarts . . .	3375
Le demi	2250
Le quart	1125
Le huitième . . .	0562
Les 2 tiers	3000
Le tiers	1500
Le sixième	0750
Le douzième . . .	0375

(Allez page 13).

45 centi. par jour, font par an . . . 164 f. 25 c.
4 f. 50 . . . . 1642 50
45 . . . . 16425 00

9 f. 4 liv. 10 s.

A 46 Centimes . . . . } La chose.
A 4 fr. 60 c., *ou* 46 fr.

		33	1518	400	18400
2	92	34	1564	500	23000
3	138	35	1610	600	27600
4	184	36	1656	700	32200
5	230	37	1702	800	36800
6	276	38	1748	900	41400
7	322	39	1794	1000	46000
8	368	40	1840	2000	92000
9	414	50	2300	3000	138000
10	460	60	2760	4000	184000
11	506	70	3220	5000	230000
12	552	80	3680	6000	276000
13	598	90	4140	7000	322000
14	644	100	4600	8000	368000
15	690	200	9200	9000	414000
16	736	300	13800	10000	460000
17	782				
18	828	Le 3 quarts. . . .		3450	
19	874	Le demi		2300	
20	920	Le quart		1150	
21	966	Le huitième . . .		0575	
22	1012	Les 2 tiers		3067	
23	1058	Le tiers		1533	
24	1104	Le sixième . . .		0767	
25	1150	Le douzième . . .		0383	
26	1196				
27	1242				
28	1288	(Allez page 22).			
29	1334				
30	1380	22		060	
31	1426				
32	1472				

46 centi. par jour, font par an 167 f. 90 c.
4 f. 60 . . . . 1679 00
46 . . . . 16790 00

9 s. 2 d. 4/10. 4 liv. 12 s.

A 47 Centimes . . . . } La chose.
A 4 fr. 70 c., *ou* à 47 fr. }

2	94	33	1551	400	18800
3	141	34	1598	500	23500
4	188	35	1645	600	28200
5	235	36	1692	700	32900
6	282	37	1739	800	37600
7	329	38	1786	900	42300
8	376	39	1833	1000	47000
9	423	40	1880	2000	94000
10	470	50	2350	3000	141000
11	517	60	2820	4000	188000
12	564	70	3290	5000	235000
13	611	80	3760	6000	282000
14	658	90	4230	7000	329000
15	705	100	4700	8000	376000
16	752	200	9400	9000	423000
17	799	300	14100	10000	470000
18	846				
19	893				
20	940				
21	987				
22	1034				
23	1081				
24	1128				
25	1175				
26	1222				
27	1269				
28	1316				
29	1363				
30	1410				
31	1457				
32	1504				

Les 3 quarts	3515
Le demi	2350
Le quart	1175
Le huitième	0583
Les 2 tiers	3133
Le tiers	1567
Le sixième	0783
Le douzième . . .	0392

(Allez page 22).

47 centi. par jour, font par an	171 f.	55 c.
4 f. 70	1715	50
47	17155	00

9 s. 4 d. 8/10 · 4 liv. 14 s.

A 48 Centimes . . . .
A 4 fr. 80 c., *ou* à 48 fr. } La chose.

		33	1584	400	19200
2	96	34	1632	500	24000
3	144	35	1680	600	28800
4	192	36	1728	700	33600
5	240	37	1776	800	38400
6	288	38	1824	900	43200
7	336	39	1872	1000	48000
8	384	40	1920	2000	96000
9	432	50	2400	3000	144000
10	480	60	2880	4000	192000
11	528	70	3360	5000	240000
12	576	80	3840	6000	288000
13	624	90	4320	7000	336000
14	672	100	4800	8000	384000
15	720	200	9600	9000	432000
16	768	300	14400	10000	480000
17	816				
18	864				
19	912				
20	960				
21	1008				
22	1056				
23	1104				
24	1152				
25	1200				
26	1248				
27	1296				
28	1344				
29	1392				
30	1440				
31	1488				
32	1536				

Les 3 quarts . . .	3600
Le demi	2400
Le quart	1200
Le huitième . . .	0600
Les 2 tiers	3200
Le tiers.	1600
Le sixième	0800
Le douzième . . .	0400

(Allez page 21).

21 040

48 centi. par jour, font par an	175 f. 20 c.
4 f. 80	1752 00
48	17520 00

9 7 d. $\frac{2}{10}$ 4 liv. 16 s.

A 49 Centimes . . . . . . } La chose.
A 4 fr. 90 c., *ou* à 49 fr. }

2	98	33	1617	400	19600
3	147	34	1666	500	24500
4	196	35	1715	600	29400
5	245	36	1764	700	34300
6	294	37	1813	800	39200
7	343	38	1862	900	44100
8	392	39	1911	1000	49000
9	441	40	1960	2000	98000
10	490	50	2450	3000	147000
11	539	60	2940	4000	196000
16	588	70	3430	5000	245000
13	637	80	3920	6000	294000
14	686	90	4410	7000	343000
15	735	100	4900	8000	392000
16	784	200	9800	9000	441000
17	833	300	14700	10000	490000
18	882				
19	931				
20	980				
21	1029				
22	1078				
23	1127				
24	1176				
25	1225				
26	1274				
27	1323				
28	1372				
29	1421				
30	1470				
31	[illegible]				
32	1568				

Les 3 quarts . . .	3675
Le demi	2450
Le quart	1225
Le huitième . . .	0613
Les 2 tiers	3267
Le tiers.	1633
Le sixième	0816
Le douzième . . .	0408

(Allez page 21).

49 centi. par jour, sont par an	178 f.	85 c.
4 f. 90	1788	50
0	17885	00

9 s. 9 d. 6/10 L 4 liv. 18 s.

A 50 Centimes .... A 5 fr. 0 c., *ou* à 50 fr.				} La chose.	
		33	1650	400	20000
2	100	34	1700	500	25000
3	150	35	1750	600	30000
4	200	36	1800	700	35000
5	250	37	1850	800	40000
6	300	38	1900	900	45000
7	350	39	1950	1000	50000
8	400	40	2000	2000	100000
9	450	50	2500	3000	150000
10	500	60	3000	4000	200000
11	550	70	3500	5000	250000
12	600	80	4000	6000	300000
13	650	90	4500	7000	350000
14	700	100	5000	8000	400000
15	750	200	10000	9000	450000
16	800	300	15000	10000	500000
17	850				
18	900				
19	950				
20	1000				
21	1050				
22	1100				
23	1150				
24	1200				
25	1250				
26	1300				
27	1350				
28	1400				
29	1450				
30	1500				
31	1550				
32	0016				

Les 3 quarts ...	3750
Le demi	2500
Le quart	1250
Le huitième ...	0625
Les 2 tiers	3333
Le tiers	1667
Le sixième	0833
Le douzième ...	0416

(Allez page 20).

21

50 centi. par jour, font par an	182 f.	50 c.
5 f. 00	1825	00
50	18250	00

A 51 Centimes . . . . .
A 5 fr. 10 c., *ou* à 51 fr. } La chose.

2	102	33	1683	400	20400
3	153	34	1734	500	25500
4	204	35	1785	600	30600
5	255	36	1836	700	35700
6	306	37	1887	800	40800
7	357	38	1938	900	45900
8	408	39	1989	1000	51000
9	459	40	2040	2000	102000
10	510	50	2550	3000	153000
11	561	60	3060	4000	204000
12	612	70	3570	5000	255000
13	663	80	4080	6000	306000
14	714	90	4590	7000	357000
15	765	100	5100	8000	408000
16	816	200	10200	9000	459000
17	867	300	15300	10000	510000
18	918				
19	969				
20	1020				
21	1071				
22	1122				
23	1173				
24	1224				
25	1275				
26	1326				
27	1377				
28	1428				
29	1479				
30	1530				
31	1581				
32	1632				

Les 3 quarts . . .	3825
Le demi	2550
Le quart	1275
Le huitième . . .	0637
Les 2 tiers	3400
Le tiers	1700
Le sixième	0850
Le douzième . . .	0425

(Allez page 10).

51 centi. par jour, font par an	186 f.	15 c.
5 f. 10	1861	50
51	18615	00

10 s. 2 d. 4/14. 5 liv. 2 s.

A 52 Centimes . . . .
A 5 fr. 20 c., *ou* à 52 fr. } La chose.

		33	1716	400	20800
2	104	34	1768	500	26000
3	156	35	1820	600	31200
4	208	36	1872	700	36400
5	260	37	1924	800	41600
6	312	38	1976	900	46800
7	364	39	2028	1000	52000
8	416	40	2080	2000	104000
9	468	50	2600	3000	156000
10	520	60	3120	4000	208000
11	572	70	3640	5000	260000
12	624	80	4160	6000	312000
13	676	90	4680	7000	364000
14	728	100	5200	8000	416000
15	780	200	10400	9000	468000
16	832	300	15600	10000	520000
17	884				
18	936				
19	988				
20	1040				
21	1092				
22	1144				
23	1196				
24	1248				
25	1300				
26	1352				
27	1404				
28	1456				
29	1508				
30	1560				
31	1612				
32	1664				

Les 3 quarts . . .	3900
Le demi	2600
Le quart	1300
Le huitième . . .	0650
Les 2 tiers	3467
Le tiers	1733
Le sixième	0867
Le douzième	0433

(Allez page 20).

52 centi. par jour, font par an	189 f.	80 c.
5 f. 20	1898	00
52	18980	00

10 liv. 4 d. $\frac{8}{10}$. 5 liv. 4 s.

A 53 Centimes . . . . . }
A 5 fr. 30 c., *ou* à 53 fr. } La chose.

		33	1749	400	21200
2	106	34	1802	500	26500
3	159	35	1855	600	31800
4	212	36	1908	700	37100
5	265	37	1961	800	42400
6	318	38	2014	900	47700
7	371	39	2067	1000	53000
8	424	40	2120	2000	106000
9	477	50	2650	3000	159000
10	530	60	3180	4000	212000
11	583	70	3710	5000	265000
12	636	80	4240	6000	318000
13	689	90	4770	7000	371000
14	742	100	5300	8000	424000
15	795	200	10600	9000	477000
16	848	300	15900	10000	530000
17	901				
18	954				
19	1007				
20	1060				
21	1113				
22	1166				
23	1219				
24	1272				
25	1325				
26	1378				
27	1431				
28	1484				
29	1537				
30	1590				
31	1643				
32	1696				

Les 3 quarts	3975
Le demi	2650
Le quart	1325
Le huitième . . .	0662
Le 2 tiers	3533
Le tiers	1767
Le sixième	0883
Le douzième . . .	0442

(Allez page 19).

19 040

53 centi. par jour, font par an	193 f.	45 c.
5 f. 30	1934	50
53	19345	00

10s. 7d. 2/10. L 2 .. 5 liv. 6 s.

A 54 Centimes . . . . }
A 5 fr. 40 c., *ou* à 54 fr. } La chose.

		33	1782	400	21600
2	108	34	1836	500	27000
3	162	35	1890	600	32400
4	216	36	1944	700	37800
5	270	37	1998	800	43200
6	324	38	2052	900	48600
7	378	39	2106	1000	54000
8	432	40	2160	2000	108000
9	486	50	2700	3000	162000
10	540	60	3240	4000	216000
11	594	70	3780	5000	270000
12	648	80	4320	6000	324000
13	702	90	4860	7000	378000
14	756	100	5400	8000	432000
15	810	200	10800	9000	486000
16	864	300	16200	10000	540000
17	918				
18	972				
19	1026				
20	1080				
21	1134				
22	1188				
23	1242				
24	1296				
25	1350				
26	1404				
27	1458				
28	1512				
29	1566				
30	1620				
31	1674				
32	1728				

Les 3 quarts . . .	4050
Le demi	2700
Le quart	1350
Le huitième . . .	0675
Les 2 tiers	3600
Le tiers	1800
Le sixième	0900
Le douzième . . .	0450

(Allez page 19).

54 centi. par jour, font par an	197 £.	10 c.
5 £. 40	1971	00
54	19710	00

10 9 d. 6/10 5 8

A 55 Centimes
A 5 fr. 50 c., *ou* à 55 fr. } La chose.

		33	1815	400	22000
[illegible]	110	34	1870	500	27500
3	165	35	1925	600	33000
4	220	36	1980	700	38500
5	275	37	2035	800	44000
6	330	38	2090	900	49500
7	385	39	2145	1000	55000
8	440	40	2200	2000	110000
9	495	50	2750	3000	165000
10	550	60	3300	4000	220000
11	605	70	3850	5000	275000
12	660	80	4400	6000	330000
13	715	90	4950	7000	385000
14	770	100	5500	8000	440000
15	825	200	11000	9000	495000
16	880	300	16500	10000	550000
17	935				
18	990				
19	1045				
20	1100				
21	1155				
22	[illegible]				
23	1265				
24	1320				
25	1375				
26	1430				
27	1485				
28	1540				
29	1595				
30	1650				
31	1705				
32	1760				

Les 3 quarts . . .	4125
Le demi	2750
Le quart	1375
Le huitième . . .	0683
Les 2 tiers	3667
Le tiers	1833
Le sixième	0916
Le douzième . . .	0458

(Allez page 19).

55 centi. par jour, font par an . . 200 f. 75 c.
5 f. 50 . . . . 2007 50
55 . . . . 20075 00

11 s. 5 liv. 10 s.

A 56 Centimes . . . .
A 5 fr. 60 c., *ou* à 56 fr. } La chose.

		33	1848	400	22400
2	112	34	1904	500	28000
3	168	35	1960	600	33600
4	224	36	2016	700	39200
5	280	37	2072	800	44800
6	336	38	2128	900	50400
7	392	39	2184	1000	56000
8	448	40	2240	2000	112000
9	504	50	2800	3000	168000
10	560	60	3360	4000	224000
11	616	70	3920	5000	280000
12	672	80	4480	6000	336000
13	728	90	5040	7000	392000
14	784	100	5600	8000	448000
15	840	200	11200	9000	504000
16	896	300	16800	10000	560000
17	952				
18	1008				
19	1064				
20	1120				
21	1176				
22	1232				
23	1288				
24	1344				
25	1400				
26	1456				
27	1512				
28	1568				
29	1624				
30	1680				
31	1736				
32	1792				

Les 3 quarts . . .	4200
Le demi	2800
Le quart	1400
Le huitième . . .	0700
Les 2 tiers	3733
Le tiers	1867
Le sixième	0933
Le douzième . . .	0467

(Allez page 18).

18 050

56 centi. par jour, font par an	204 f.	40 c.
5 f. 60	2044	00
56	20440	00

11 s. 2 d. $\frac{4}{10}$ 5 liv. 12 s.

A 57 Centimes . . . . }
A 5 fr. 70 c., *ou* 57 fr. } La chose.

[illegible]	[illegible]	33	1881	400	22800
2	114	34	1938	500	28500
3	171	35	1995	600	34200
4	228	36	2052	700	39900
5	285	37	2109	800	45600
6	342	38	2166	900	51300
7	399	39	2223	1000	57000
8	456	40	2280	2000	114000
9	513	50	2850	3000	171000
10	570	60	3420	4000	228000
11	627	70	3990	5000	285000
12	684	80	4560	6000	342000
13	741	90	5130	7000	399000
14	798	100	5700	8000	456000
15	855	200	11400	9000	513000
16	912	300	17100	10000	570000
17	969				
18	1026				
19	1083				
20	1140				
21	1197				
22	1254				
23	1311				
24	1368				
25	1425				
26	1482				
27	1539				
28	1596				
29	1653				
30	1710				
31	1767				
32	1824				

Les 3 quarts . . .	4275
Le demi	2850
Le quart	1425
Le huitième . . .	0712
Les 2 tiers	3800
Le tiers	1900
Le sixième	0950
Le douzième . . .	0475

(Allez page 18).

57 centi. par jour, font par an	208 f.	05 c.
5 f. 70	2080	05
57	20805	00

11 s. 4 d. $\frac{8}{10}$. 5 liv. 14 s.

A 58 Centimes . . . . }
A 5 fr. 80 c., *ou* à 58 fr. } La chose.

		33	1914	400	23200
2	116	34	1972	500	29000
3	174	35	2030	600	34800
4	232	36	2088	700	40600
5	290	37	2146	800	46400
6	348	38	2204	900	52200
7	406	39	2262	1000	58000
8	464	40	2320	2000	116000
9	522	50	2900	3000	174000
10	580	60	3480	4000	232000
11	638	70	4060	5000	290000
12	696	80	4640	6000	348000
13	754	90	5220	7000	406000
14	812	100	5800	8000	464000
15	870	200	11600	9000	522000
16	928	300	17400	10000	580000
17	986				
18	1044				
19	1102				
20	1160				
21	1218				
22	1276				
23	1334				
24	1392				
25	1450				
26	1508				
27	1566				
28	1624				
29	1682				
30	1740				
31	1798				
32	1856				

Les 3 quarts . . .	4350
Le demi	2900
Le quart	1450
Le huitième . . .	0725
Les 2 tiers	3867
Le tiers	1933
Le sixième	0967
Le douzième	0483

(Allez page 18)

58 centi. par jour, font par an 211 l. 70 c.
5 f. 80 . . . . 2117 00
58 . . . . 21170 00

A 59 Centimes } La chose.
A 5 fr. 90 c., *ou* à 59 fr.

		33	1947	400	23600
2	118	34	2006	500	29500
3	177	35	2065	600	35400
4	236	36	2124	700	41300
5	295	37	2183	800	47200
6	354	38	2242	900	53100
7	413	39	2301	1000	59000
8	472	40	2360	2000	118000
9	531	50	2950	3000	177000
10	590	60	3540	4000	236000
11	649	70	4130	5000	295000
12	708	80	4720	6000	354000
13	767	90	5310	7000	413000
14	826	100	5900	8000	472000
15	885	200	11800	9000	531000
16	944	300	17700	10000	590000
17	1003				
18	1062				
19	1121				
20	1180				
21	1239				
22	1298				
23	1357				
24	1416				
25	1475				
26	1534				
27	1593				
28	1652				
29	1711				
30	1770				
31	1829				
32	1888				

Les 3 quarts	4425
Le demi	2950
Le quart	1475
Le huitième	0737
Les 2 tiers	3933
Le tiers	1967
Le sixième	0983
Le douzième . . .	0492

(Allez page 17).

59 centi. par jour, font par an	215 f.	35 c.
5 f. 90	2153	50
59	21535	00

11 s. 9 d. 6/10 5 liv. 18 s.

A 60 Centimes . . . . } La chose.
A 6 fr. 0 c., *ou* à 60 fr.

(1).		33	1980	400	24000
2	120	34	2040	500	30000
3	180	35	2100	600	36000
4	240	36	2160	700	42000
5	300	37	2220	800	48000
6	360	38	2280	900	54000
7	420	39	2340	1000	60000
8	480	40	2400	2000	120000
9	540	50	3000	3000	180000
10	600	60	3600	4000	240000
11	660	70	4200	5000	300000
12	720	80	4800	6000	360000
13	780	90	5400	7000	420000
14	840	100	6000	8000	480000
15	900	200	12000	9000	540000
16	960	300	18000	10000	600000
17	1020				
18	1080				
19	1140				
20	1200				
21	1260				
22	1320				
23	1380				
24	1440				
25	1500				
26	1560				
27	1620				
28	1680				
29	1740				
30	1800				
31	1860				
32	1920				

Les 3 quarts . . .	4500
Le demi	3000
Le quart	1500
Le huitième . . .	0750
Les 2 tiers	4000
Le tiers	2000
Le sixième	1000
Le douzième . .	0500

(Allez page 17).

60 centi. par jour, font par an	219 f.	00 c.
6 f. 00	2190	00
60	21900	00

A 61 Centimes .... }
A 6 fr. 10 c., *ou* à 61 fr. } La chose.

2	122
3	183
4	244
5	305
6	366
7	427
8	488
9	549
10	610
11	671
12	732
13	793
14	854
15	915
19	976
17	1037
18	1098
19	1159
20	1220
21	1281
22	1342
23	1403
24	1464
25	1525
26	1586
27	1647
28	1708
29	1769
30	1830
31	1891
32	1952
33	2013
34	2074
35	2135
36	2196
37	2257
38	2318
39	2379
40	2440
50	3050
60	3660
70	4270
80	4880
90	5490
100	6100
200	12200
300	18300
400	24400
500	30500
600	36600
700	42700
800	48800
900	54900
1000	61000
2000	122000
3000	183000
4000	244000
5000	305000
6000	366000
7000	427000
8000	488000
9000	549000
10000	610000

Les 3 quarts . . .	4575
Le gemi	3050
Le duart	1525
Le huitième . . .	0763
Les 2 tiers	4067
Le tiers	2033
Le sixième	1016
Le douzième . .	0508

(Allez page 17).

61 centi. par jour, font par an	222 f.	65 c.
6 f. 10	2226	50
61	22265	00

12 s. 2 d. 4/61. M 6 liv. 2 s.

A 62 Centimes . . . .
A 6 fr. 20 c., *ou* à 62 fr. } La chose.

2	124	33	2046	400	24800
3	186	34	2108	500	31000
4	248	35	2170	600	37200
5	310	36	2232	700	43400
6	372	37	2294	800	49600
7	434	38	2356	900	55800
8	496	39	2418	1000	62000
9	558	40	2480	2000	124000
10	620	50	3100	3000	186000
11	682	60	3720	4000	248000
12	744	70	4340	5000	310000
13	806	80	4960	6000	372000
14	868	90	5580	7000	434000
15	930	100	6200	8000	496000
16	992	200	12400	9000	558000
17	1054	300	18600	10000	620000
18	1116				
19	1178				
20	1240				
21	1302				
22	1364				
23	1426				
24	1488				
25	1550				
26	1612				
27	1674				
28	1736				
29	1798				
30	1860				
31	1922				
32	1984				

Les 3 quarts . . .	4650
Le demi	3100
Le quart	1550
Le huitième . . .	0775
Les 2 tiers	4133
Le tiers	2067
Le sixième	1033
Le douzième . . .	0516

(Allez page 17).

62 centi. par jour, font par an 226 f. 30 c,
6 f. 20 . . . . 2263 00
62 . . . . 22630 00

A 63 Centimes }
A 6 fr. 30 c., *ou* à 63 fr. } La chose.

[illegible]	[illegible]	33	2079	400	25200
2	126	34	2142	500	31500
3	189	35	2205	600	37800
4	252	36	2268	700	44100
5	315	37	2331	800	50400
6	378	38	2394	900	56700
7	441	39	2457	1000	63000
8	504	40	2520	2000	126000
9	567	50	3150	3000	189000
10	630	60	3780	4000	252000
11	693	70	4410	5000	315000
12	756	80	5040	6000	378000
13	819	90	5670	7000	441000
14	882	100	6300	8000	504000
15	945	200	12600	9000	567000
16	1008	300	18900	10000	630000
17	1071				
18	1134				
19	1197				
20	1260				
21	1323				
22	1386				
23	1449				
24	1512				
25	1575				
26	1638				
27	1701				
28	1764				
29	1827				
30	1890				
31	1953				
32	2016				

Les 3 quarts	4725
Le demi	3150
Le quart	1575
Le huitième	0787
Les 2 tiers	4200
Le tiers	2100
Le sixième	1050
Le douzième . . .	0525

(Allez page 16).

16 050

63 centi. par jour, font par an	229 f.	95 c.
6 f. 30	2299	50
63	22995	00

12 l. 7 d. 2/10 — 6 liv. 6 s.

A 64 Centimes . . . .
A 6 fr. 40 c., *ou* à 64 fr. } La chose.

		33	2112	400	25600
2	128	34	2176	500	32000
3	192	35	2240	600	38400
4	256	36	2304	700	44800
5	320	37	2368	800	51200
6	384	38	2432	900	57600
7	448	39	2496	1000	64000
8	512	40	2560	2000	128000
9	576	50	3200	3000	192000
10	640	60	3840	4000	256000
11	704	70	4480	5000	320000
12	768	80	5120	6000	384000
13	832	90	5760	7000	448000
14	896	100	6400	8000	512000
15	960	200	12800	9000	576000
16	1024	300	19200	10000	640000
17	1088				
18	1152				
19	1216				
20	1280				
21	1344				
22	1408				
23	1472				
24	1536				
25	1600				
26	1664				
27	1728				
28	1792				
29	1856				
30	1920				
31	1984				
32	2048				

Les 3 quarts . . .	4800
Le demi	3200
Le quart	1600
Le huitième . . .	0800
Les 2 tiers	4267
Le 2 tiers	2133
Le sixième	1067
Le douzième . . .	0533

(Allez page 16).

64 centi. par jour, font par an 233 f. 60 c.
6 f. 40 . . . . 2336 00
64 . . . . 23360 00

12 s. 9 d. $\frac{6}{10}$. 6 liv. 8 s.

A 65 Centimes . . . . }
A 6 fr. 50 c., *ou* à 65 fr. } La chose

[illegible]	
2	130
3	195
4	260
5	325
6	390
7	455
8	520
9	585
10	650
11	715
12	780
13	845
14	910
15	975
16	1040
17	1105
18	1170
19	1235
20	1300
21	1365
22	1430
23	1495
24	1560
25	1625
26	1690
27	1755
28	1820
29	1885
30	1950
31	2015
32	2080

33	2145	400	26000
34	2210	500	32500
35	2275	600	39000
36	2340	700	45500
37	2405	800	52000
38	2470	900	58500
39	2535	1000	65000
40	2600	2000	130000
50	3250	3000	195000
60	3900	4000	260000
70	4550	5000	325000
80	5200	6000	390000
90	5850	7000	455000
100	6500	8000	520000
200	13000	9000	585000
300	19500	10000	650000

Les 3 quarts	4875
Le demi	3250
Le quart	1625
Le huitième . . .	0812
Les 2 tiers	4333
Le tiers	2167
Le sixième	1084
Le douzième . .	0542

(Allez page 16).

65 centi. par jour, font par an	237 f.	25 c.
6 f. 50	2372	50
65	23725	00

13 s.   M 2   6 liv. 10 s.

A 66 Centimes . . . . } La chose.
A 6 fr. 60 c., *ou* à 66 fr.

2	132
3	198
4	264
5	330
6	396
7	462
8	528
9	594
10	660
11	726
12	792
13	858
14	924
15	990
16	1056
17	1122
18	1188
19	1254
20	1320
21	1386
22	1452
23	1518
24	1584
25	1650
26	1716
27	1782
28	1848
29	1914
30	1980
31	2046
32	2112

33	2178	400	26400
34	2244	500	33000
35	2310	600	39600
36	2376	700	46200
37	2442	800	52800
38	2508	900	59400
39	2574	1000	66000
40	2640	2000	132000
50	3300	3000	198000
60	3960	4000	264000
70	4620	5000	330000
80	5280	6000	396000
90	5940	7000	462000
100	6600	8000	528000
200	13200	9000	594000
300	19800	10000	660000

Les 3 quarts . . .	4950
Le demi	3300
Le quart	1650
Le huitième . . .	0825
Les 2 tiers	4400
Le tiers	2200
Le sixième . . .	1100
Le douzième . .	0550

(Allez page 16).

66 cent. par jour, font par an 240 f. 90 c.
6 f. 60 . . . . 2409 00
6 . . . . 24090 00

13 s. 2 d. 4/10. 6 l. 12 s.

A 67 Centimes. . . . . }
A 6 fr. 70 c., *ou* à 67 fr. } La chose.

2	134	33	2211	400	26800
3	201	34	2278	500	33500
4	268	35	2345	600	40200
5	335	36	2412	700	46900
6	402	37	2479	800	53600
7	469	38	2546	900	60300
8	536	39	2613	1000	67000
9	603	40	2680	2000	134000
10	670	50	3350	3000	201000
11	737	60	4020	4000	268000
12	804	70	4690	5000	335000
13	871	80	5360	6000	402000
14	938	90	6030	7000	469000
15	1005	100	6700	8000	536000
16	1072	200	13400	9000	603000
17	1139	300	20100	10000	670000
18	1206				
19	1273				
20	1340				
21	1407				
22	1474				
23	1541				
24	1608				
25	1675				
26	1742				
27	1809				
28	1876				
29	1943				
30	2010				
31	2077				
32	2144				

Les 3 quarts . . .	5025
Le demi	3350
Le quart	1675
Le huitième . . .	0837
Les 2 tiers	4467
Le tiers	2233
Le sixième	1116
Le douzième . .	0558

(Allez page 15).

15 040

67 centi. par jour, font par an	244 f.	55 c.
6 f. 70	2445	50
67	24455	00

13 s. 4 d. $\frac{8}{10}$ 6 liv. 14 s.

A 68 Centimes . . . .
À 6 fr. 80 c., *ou* à 68 fr. } La chose.

		33	2244	400	27200
2	136	34	2312	500	34000
3	204	35	2380	600	40800
4	272	36	2448	700	47600
5	340	37	2516	800	54400
6	408	38	2584	900	61200
7	476	39	2652	1000	68000
8	544	40	2720	2000	136000
9	612	50	3400	3000	204000
10	680	60	4080	4000	272000
11	748	70	4760	5000	340000
12	816	80	5440	6000	408000
13	884	90	6120	7000	476000
14	952	100	6800	8000	544000
15	1020	200	13600	9000	612000
16	1088	300	20400	10000	680000
17	1156				
18	1224				
19	1292				
20	1360				
21	1428				
22	1496				
23	1564				
24	1632				
25	1700				
26	1768				
27	1836				
28	1904				
29	1972				
30	2040				
31	2108				
32	2176				

Les 3 quarts . . .	5100
Le demi	3400
Le quart	1700
Le huitième . . .	0850
Les 2 tiers	4533
Le tiers	2267
Le sixième	1133
Le douzième . .	0567

(Allez page 15.).

68 centi. par jour, font par an	248 f.	20 c.
6 f. 80	2482	00
68.	24820	00

13 s. 7 d. $\frac{2}{10}$ . . 6 liv. 16 s.

A 69 Centimes . . . . }
A 6 fr. 90 c., *ou* à 69 fr. } La chose.

(1).		33	2277	400	27600
2	138	34	2346	500	34500
3	207	35	2415	600	41400
4	276	36	2484	700	48300
5	345	37	2553	800	55200
6	414	38	2622	900	62100
7	483	39	2691	1000	69000
8	552	40	2760	2000	138000
9	621	50	3450	3000	207000
10	690	60	4140	4000	276000
11	759	70	4830	5000	345000
12	828	80	5520	6000	414000
13	897	90	6210	7000	483000
14	966	100	6900	8000	552000
15	1035	200	13800	9000	621000
16	1104	300	20700	10000	690000
17	1173				
18	1242				
19	1311				
20	1380				
21	1449				
22	1518				
23	1587				
24	1656				
25	1725				
26	1794				
27	1863				
28	1932				
29	2001				
30	2070				
31	2139				
32	2208				

Les 3 quarts . . .	5175
Le demi	3450
Le quart	1725
Le huitième . . .	0862
Les 2 tiers	4600
Le tiers	2300
Le sixième . . .	1150
Le douzième . . .	0575

(Allez page 15).

69 centi. par jour, font par an	251 f.	85 c.
6 f. 90	2518	50
69	25185	00

13 f. 9 d. $\frac{6}{10}$. 6 liv. 18 s.

A 70 Centimes . . . . }
A 7 fr. 0 c., *ou* à 70 fr. } La chose.

		33	2310	400	28000
2	140	34	2380	500	35000
3	210	35	2450	600	42000
4	280	36	2520	700	49000
5	350	37	2590	800	56000
6	420	38	2660	900	63000
7	490	39	2730	1000	70000
8	560	40	2800	2000	140000
9	630	50	3500	3000	210000
10	700	60	4200	4000	280000
11	770	70	4900	5000	350000
12	840	80	5600	6000	420000
13	910	90	6300	7000	490000
14	980	100	7000	8000	560000
15	1050	200	14000	9000	630000
16	1120	300	21000	10000	700000
17	1190				
18	1260				
19	1330				
20	1400				
21	1470				
22	1540				
23	1610				
24	1680				
25	1750				
26	1820				
27	1890				
28	1960				
29	2030				
30	2100				
31	2170				
32	2240				

Les 3 quarts . . .	5250
Le demi	3500
Le quart	1750
Le huitième . . .	0875
Les 2 tiers	4667
Le tiers	2333
Le sixième	1167
Le douzième . . .	0584

(Allez page 15).

70 centi. par jour, font par an	255 f.	50 c.
7 f. 00	2555	00
70 00	25550	00

A 71 Centimes . . . . }
A 7 fr. 10 c., *ou* à 71 fr. } La chose.

		33	2343	400	28400
2	142	34	2414	500	35500
3	213	35	2485	600	42600
4	284	36	2556	700	49700
5	355	37	2627	800	56800
6	426	38	2698	900	63900
7	497	39	2769	1000	71000
8	568	40	2840	2000	142000
9	639	50	3550	3000	213000
10	710	60	4260	4000	284000
11	781	70	4970	5000	355000
12	852	80	5680	6000	426000
13	923	90	6390	7000	497000
14	994	100	7100	8000	568000
15	1065	200	14200	9000	639000
16	1136	300	21300	10000	710000
17	1207				
18	1278				
19	1349				
20	1420				
21	1491				
22	1562				
23	1633				
24	1704				
25	1775				
26	1846				
27	1917				
28	1988				
29	2059				
30	2130				
31	2201				
32	2272				

Les 3 quarts	5325
Le demi	3550
Le quart	1775
Le huitième	0882
Les 2 tiers	4733
Le tiers	2367
Le sixième	1184
Le douzième . . .	0592

(Allez page 14).

71 centi. par jour, font par an	259 f.	15 c.
7 f. 10	2591	50
71	25915	00

14 s. 2 d. $\frac{4}{10}$ 7 liv. 2 s.

A 72 Centimes . . . .
A 7 fr. 20 c., *ou* à 72 fr. } La chose.

		33	2376	400	28800
2	144	34	2448	500	36000
3	219	35	2520	600	43200
4	288	36	2592	700	50400
5	360	37	2664	800	57600
6	432	38	2736	900	64800
7	504	39	2808	1000	72000
8	576	40	2880	2000	144000
9	648	50	3600	3000	216000
10	720	60	4320	4000	288000
11	792	70	5040	5000	360000
12	864	80	5760	6000	432000
13	936	90	6480	7000	504000
14	1008	100	7200	8000	576000
15	1080	200	14400	9000	648000
16	1152	300	21600	10000	720000
17	1224				
18	1296				
19	1368				
20	1440				
21	1512				
22	1584				
23	1656				
24	1728				
25	1800				
26	1872				
27	1944				
28	2016				
29	2088				
30	2160				
31	2232				
32	2304				

Les 3 quarts . . .	5400
Le demi	3600
Le quart	1800
Le huitième . . .	0900
Les 2 tiers	4800
Le sixième . . .	2400
Le tiers	1200
Le douzième . .	0600

(Allez page 14).

14 060

72 centi. par jour, font par an	262 f. 80 c.
7 f. 20	2628 .00
72	26280 00

14 s. 4 d. $\frac{8}{10}$ 7 lv. 4

A 73 Centimes
A 7 fr. 30 c. ou à 73 fr. } La chose.

[illegible]	[illegible]	33	2409	400	29200
2	146	34	2482	500	36500
3	219	35	2555	600	43800
4	292	36	2628	700	51100
5	365	37	2701	800	58400
6	438	38	2774	900	65700
7	511	39	2847	1000	73000
8	584	40	2920	2000	146000
9	657	50	3650	3000	219000
10	730	60	4380	4000	292000
11	803	70	5110	5000	365000
12	876	80	5840	6000	438000
13	949	90	6570	7000	511000
14	1022	100	7300	8000	584000
15	1095	200	14600	9000	657000
16	1168	300	21900	10000	730000
17	1241				
18	1314				
19	1387				
20	1460				
21	1533				
22	1606				
23	1679				
24	1752				
25	1825				
26	1898				
27	1971				
28	2044				
29	2117				
30	2190				
31	2263				
32	2336				

Les 3 quarts	5475
Le demi	3650
Le quart	1825
Le huitième	0912
Les 2 tiers	4867
Le tiers	2433
Le sixième	1216
Le douzième	0608

(Allez page 14).

73 centi. par jour, font par an	266 l.	45 c.
7 f. 30	2664	50
73	26645	00

14 s. 7 d. $\frac{2}{10}$ N 7 liv. 6 s.

A 74 Centimes . . . . } La chose.
A 7 fr. 40 c., ou à 74 fr.

		33	2442	400	29600
2	148	34	2516	500	37000
3	222	35	2590	600	44400
4	296	36	2664	700	51800
5	370	37	2738	800	59200
6	444	38	2812	900	66600
7	518	39	2886	1000	74000
8	592	40	2960	2000	148000
9	666	50	3700	3000	222000
10	740	60	4440	4000	296000
11	814	70	5180	5000	370000
12	888	80	5920	6000	444000
13	962	90	6660	7000	518000
14	1036	100	7400	8000	592000
15	1110	200	14800	9000	666000
16	1184	300	22200	10000	740000
17	1258				
18	1332				
19	1406				
20	1480				
21	1554				
22	1628				
23	1702				
24	1776				
25	1850				
26	1924				
27	1998				
28	2072				
29	2146				
30	2220				
31	2294				
32	2368				

Les 3 quarts . . .	5550
Le demi	3700
Le quart	1850
Le huitième . . .	0925
Les 2 tiers	4933
Le tiers	2467
Le sixième . . .	1233
Le douzième . .	0616

(Allez page 14).

74 centi. par jour, font par an	270 f.	10 c.
7 f. 40	2701	00
74	27010	00

14 9 6/10 7 liv. 8

A 75 Centimes
A 7 fr. 50 c., ou à 75 fr. } La chose.

[illegible]	[illegible]	33	2475	400	30000
2	150	34	2550	500	37500
3	225	35	2625	600	45000
4	300	36	2700	700	52500
5	375	37	2775	800	60000
6	450	38	2850	900	67500
7	525	39	2925	1000	75000
8	600	40	3000	2000	150000
9	675	50	3750	3000	225000
10	750	60	4500	4000	300000
11	825	70	5250	5000	375000
12	900	80	6000	6000	450000
13	975	90	6750	7000	525000
14	1050	100	7500	8000	600000
15	1125	200	15000	9000	675000
16	1200	300	22500	10000	750000
17	1275				
18	1350				
19	1425				
20	1500				
21	1575				
22	1650				
23	1725				
24	1800				
25	1875				
26	1950				
27	2025				
28	2100				
29	2175				
30	2250				
31	2325				
32	2400				

Les 3 quarts . . .	5625
Le demi	3750
Le quart	1875
Le huitième . . .	0937
Les 2 tiers	5000
Le tiers	2500
Le sixième	1250
Le douzième . . .	0625

(Aller page 14).

75 centi. par jour, font par an	273 f.	75
7 f. 50	2737	50
75	27375	00

15 s.　　　　7 liv. 10 s.

A 76 Centimes ... } La chose.
A 7 fr. 60 c., ou à 76 fr. }

		33	2508	400	30400
2	152	34	2584	500	38000
3	228	35	2660	600	45600
4	304	36	2736	700	53200
5	380	37	2812	800	60800
6	456	38	2888	900	68400
7	532	39	2964	1000	76000
8	608	40	3040	2000	152000
9	684	50	3800	3000	228000
10	760	60	4560	4000	304000
11	836	70	5320	5000	380000
12	912	80	6080	6000	456000
13	988	90	6840	7000	532000
14	1064	100	7600	8000	608000
15	1140	200	15200	9000	684000
16	1216	300	22800	10000	760000
17	1292				
18	1368				
19	1444				
20	1520				
21	1596				
22	1672				
23	1748				
24	1824				
25	1900				
26	1976				
27	2052				
28	2128				
29	2204				
30	2280				
31	2356				
32	2432				

Les 3 quarts	5700
Le demi	3800
Le quart	1900
Le huitième . . .	0950
Les 2 tiers	5067
Le tiers	2533
Le sixième	1267
Le douzième . . .	0633

(Allez page 4 .)

76 centi. par jour, font par an . . 277 f. 40 c.
7 f. 60 . . . . 2774 00
76 . . . . 27740 00

15 2 4/10 7 liv. 12

A 77 Centimes . . . . . } La chose.
A 7 fr. 70 c., ou à 77 fr. {

		33	2541	400	30800
2	154	34	2618	500	38500
3	231	35	2695	600	46200
4	308	36	2772	700	53900
5	385	37	2849	800	61600
6	462	38	2926	900	69300
7	539	39	3003	1000	77000
8	616	40	3080	2000	154000
9	693	50	3850	3000	231000
10	770	60	4620	4000	308000
11	847	70	5390	5000	385000
12	924	80	6160	6000	462000
13	1001	90	6930	7000	539000
14	1078	100	7700	8000	616000
15	1155	200	15400	9000	693000
16	1232	300	23100	10000	770000
17	1309				
18	1386				
19	1463				
20	1540				
21	1617				
22	1694				
23	1771				
24	1848				
25	1925				
26	2002				
27	2079				
28	2156				
29	2233				
30	2310				
31	2387				
32	2464				

Les 3 quars.	5775
Le demi	3850
Le quart	1925
Le huitième . . .	0962
Les 2 tiers	5133
Le tiers.	2567
Le sixième	1284
Le douzième . . .	0642

Allez page 13.

(13 010.)

77 centi. par jour, font par an	281 f.	05 c.
7 f. 70	8210	50
77	28105	00

15s. 4d. $\frac{9}{10}$ N 2 7l. 14s.

A 78 Centimes . . . . } La chose.
A 7 fr. 80 c., *ou* à 78 fr. }

2	156	33	2574	400	31200
3	234	34	2652	500	39000
4	312	35	2730	600	46800
5	390	36	2808	700	54600
6	468	37	2886	800	62400
7	546	38	2964	900	70200
8	624	39	3042	1000	78000
9	702	40	3120	2000	156000
10	780	50	3900	3000	234000
11	858	60	4680	4000	312000
12	936	70	5460	5000	390000
13	1014	80	6240	6000	468000
14	1092	90	7020	7000	546000
15	1170	100	7800	8000	624000
16	1248	200	15600	9000	702000
		300	23400	10000	780000
17	1326				
18	1404				
19	1482				
20	1560				
21	1638				
22	1716				
23	1794				
24	1872				
25	1950				
26	2028				
27	2106				
28	2184				
29	2262				
30	2340				
31	2418				
32	2496				

Les 3 quarts . . .	5850
Le demi	3900
Le quart	1950
Le huitième . . .	0975
Les 2 tiers	5200
Le tiers	2600
Le sixième	1300
Le douzième . .	0650

(Allez page 13).

78 centi. par jour, font par an 284 f. 70 c.
7 f. 80 . . . . 2847 00
78 . . . . 28470 00

15 7 d. 2/10 . . . 7 liv. 16

A 79 Centimes . . . . . } La chose.
A 7 fr. 90 c., *ou* à 79 fr. }

		33	2607	400	31600
2	158	34	2686	500	39500
3	237	35	2765	600	47400
4	316	36	2844	700	55300
5	395	37	2923	800	63200
6	474	38	3002	900	71100
7	553	39	3081	1000	79000
8	632	40	3160	2000	158000
9	711	50	3950	3000	237000
10	790	60	4740	4000	316000
11	869	70	5530	5000	395000
12	948	80	6320	6000	474000
13	1027	90	7110	7000	553000
14	1106	100	7900	8000	632000
15	1185	200	15800	9000	711000
16	1264	300	23700	10000	790000
17	1343				
18	1422				
19	1501				
20	1580				
21	1659				
22	1738				
23	1817				
24	1896				
25	1975				
26	2054				
27	2133				
28	2212				
29	2291				
30	2370				
31	2449				
32	2528				

Les 3 quarts . . .	5925
Le demi	3950
Le quart	1925
Le huitième . . .	0962
Le 2 tiers	5267
Le tiers	2633
Le sixième	1316
Le douzième . . .	0658

(Allez page 13).

79 centi. par jour, font par an	288 f.	35 c.
7 f. 90	2883	50
79	28835	00

15 s. 9 d. 6/10. 7 livres 18

A 80 Centimes . . . . } La chose.
A 8 fr. o c. , *ou* à 80 fr. }

		33	2640	400	32000
2	160	34	2720	500	40000
3	240	35	2800	600	48000
4	320	36	2880	700	56000
5	400	37	2960	800	64000
6	480	38	3040	900	72000
7	560	39	3120	1000	80000
8	640	40	3200	2000	160000
9	720	50	4000	3000	240000
10	800	60	4800	4000	320000
11	880	70	5600	5000	400000
12	960	80	6400	6000	480000
13	1040	90	7200	7000	560000
14	1120	100	8000	8000	640000
15	1200	200	16000	9000	720000
16	1280	300	24000	10000	800000

17	1360
18	1440
19	1520
20	1600
21	1680
22	1760
23	1840
24	1920
25	2000
26	2080
27	2160
28	2240
29	2320
30	2400
31	2480
32	2560

Le 3 quarts . . .	6000
Le demi	4000
Le quart	2000
Le huitième . . .	1000
Les 2 tiers	5333
Le tiers	2667
Le sixième . . .	1333
Le douzième . . .	0667

(Aller page 13).

80 centi. par jour, font par an 292 f. 00 c.
8 £ 00 , ... 2920 00
80 . . . , ... 29200 00

16 8

A 81 Centimes, [illegible] A 8 fr. 10 c., *ou* à 81 fr.	La chose.				
[illegible]	[illegible]	33	2673	400	32400
2	162	34	2754	500	40500
3	243	35	2835	600	48600
4	324	36	2916	700	56700
5	405	37	2997	800	64800
6	486	38	3078	900	72900
7	567	39	3159	1000	81000
8	648	40	3240	2000	162000
9	729	50	4050	3000	243000
10	810	60	4860	4000	324000
11	891	70	5670	5000	405000
12	972	80	6480	6000	486000
13	1053	90	7290	7000	567000
14	1134	100	8100	8000	648000
15	1215	200	16200	9000	729000
16	1296	300	24300	10000	810000
17	1377				
18	1458	Les 3 quarts . . .	6075		
19	1539	Le demi	4050		
20	1620	Le quart	2025		
21	1701	Le huitième . . .	1012		
22	1782	Les 2 tiers	5400		
23	1863	Le tiers	2700		
24	1944	Le sixième . . .	1350		
25	2025	Le douzième . . .	0675		
26	2106				
27	2187				
28	2268				
29	2349				
30	2430				
31	2511				
32	2592				

(Allez page 13).

81 centi. par jour, font par an 295 f. 65 c.
8 f. 10 . . . . 2956 50
81 . . . . 29565 00

16 s. 2 d. $\frac{4}{10}$ 8 liv. 2 s.

A 82 Centimes . . . . .
A 8 fr. 20 c., *ou* à 82 fr. } La chose.

		33	2706	400	32800
2	164	34	2788	500	41000
3	246	35	2870	600	49200
4	328	36	2952	700	57400
5	410	37	3034	800	65600
6	492	38	3116	900	73800
7	574	39	3198	1000	82000
8	656	40	3280	2000	164000
9	738	50	4100	3000	246000
10	820	60	4920	4000	328000
11	902	70	5740	5000	410000
12	984	80	6560	6000	492000
13	1066	90	7380	7000	574000
14	1148	100	8200	8000	656000
15	1230	200	16400	9000	738000
16	1312	300	24600	10000	820000
17	1394				
18	1476				
19	1558				
20	1640				
21	1722				
22	1804				
23	1886				
24	1968				
25	2050				
26	2132				
27	2214				
28	2296				
29	2378				
30	2460				
31	2542				
32	2624				

Les 3 quarts . . .	6150
Le demi	4100
Le quart	2050
Le huitième . . .	1025
Les 2 tiers	5467
Le tiers	2733
Le sixième	1367
Le douzième . .	0684

(Allez page 13).

82 centi. par jour, font par an	299 f.	30 c.
8 f. 20	2993	60
82	29930	00

16 l. 4 s. 8/10 d. . . . 8 liv. 4 s.

A 83 Centimes .....
A 8 fr. 30 c., *ou* à 83 fr. } La chose.

2	166	33	2739	400	33200
3	249	34	2822	500	41500
4	332	35	2905	600	49800
5	415	36	2988	700	58100
6	498	37	3071	800	66400
7	581	38	3154	900	74700
8	664	39	3237	1000	83000
9	747	40	3320	2000	166000
10	830	50	4150	3000	249000
11	913	60	4980	4000	332000
12	996	70	5810	5000	415000
13	1079	80	6640	6000	498000
14	1162	90	7470	7000	581000
15	1245	100	8300	8000	664000
16	1328	200	16600	9000	747000
17	1411	300	24900	10000	830000
18	1494				
19	1577				
20	1660				
21	1743				
22	1826				
33	1909				
24	1992				
25	2075				
26	2158				
27	2241				
28	2324				
29	2407				
30	2490				
31	2573				
32	2656				

Les 3 quarts	6225
Le demi	4150
Le quart	2075
Le huitième . . .	1037
Les 2 tiers	5533
Le tiers	2767
Le sixième	1383
Le douzième . .	0692

(Allez page 13).

83 centi. par jour, font par an	302 f.	95 c.
8 f. 30	3029	50
83	30295	00 .

16 s. 7 d. 2/10. 8 liv. 6 s.

A 84 Centimes . . . . } La chose
A 8 fr. 40 c., *ou* à 84 fr. }

		33	2772	400	33600
2	168	34	2856	500	42000
3	252	35	2940	600	50400
4	336	36	3024	700	58800
5	420	37	3108	800	67200
6	504	38	3192	900	75600
7	588	39	3276	1000	84000
8	672	40	3360	2000	168000
9	756	50	4200	3000	252000
10	840	60	5040	4000	336000
11	924	70	5880	5000	420000
12	1008	80	6720	6000	504000
13	1092	90	7560	7000	588000
14	1176	100	8400	8000	672000
15	1260	200	16800	9000	756000
16	1344	300	25200	10000	840000
17	1428				
18	1512				
19	1596				
20	1680				
21	1764				
22	1848				
23	1932				
24	2016				
25	2100				
26	2184				
27	2268				
28	2352				
29	2436				
30	2520				
31	2604				
32	2688				

Les 3 quarts . . .	6300
Le demi	4200
Le quart	2100
Le huitième . . .	1050
Les 2 tiers	5600
Le tiers	2800
Le sixième	1400
Le douzième . . .	0700

(Allez page 12).

12 07⁶

84 centi. par jour, font par an 306 f. 60 c.
8 f. 40 . . . . 3066 00
84 . . . . 30660 00

16 s. 9 d. $\frac{6}{10}$ 8 liv. 8 s.

A 85 Centimes		A 8 fr. 50 c., *ou* à 85 fr.		} La chose	
2	170	33	2805	400	34000
3	255	34	2890	500	42500
4	340	35	2975	600	51000
5	425	36	3060	700	59500
6	510	37	3145	800	68000
7	595	38	3230	900	76500
8	680	39	3315	1000	85000
9	765	40	3400	2000	170000
10	850	50	4250	3000	255000
11	935	60	5100	4000	340000
12	1020	70	5950	5000	425000
13	1105	80	6800	6000	510000
14	1190	90	7650	7000	595000
15	1275	100	8500	8000	680000
16	1360	200	17000	9000	765000
17	1445	300	25500	10000	850000
18	1530				
19	1615				
20	1700				
21	1785				
22	1870				
23	1955				
24	2040				
25	2125				
26	2210				
27	2295				
28	2380				
29	2465				
30	2550				
31	2635				
32	2720				

Les 3 quart	6375
Le demi	4250
Le quart	2125
Le huitième . . .	1062
Les 2 tiers	5667
Le tiers	2833
Le sixième	1416
Le douzième . .	0708

(Allez page 12).

85 centi. par jour, font par an	310 f.	25 c.
8 f. 50	3102	50
85	31025	00

17 O 8 liv. 10

A 86 Centimes . . . .
A 8 fr. 60 c., *ou* à 86 fr. } La chose.

		33	2838	400	34400
2	172	34	2924	500	43000
3	258	35	3010	600	51600
4	344	36	3096	700	66200
5	430	37	3182	800	68800
6	516	38	3268	900	77400
7	602	39	3354	1000	85000
8	688	40	3440	2000	172000
9	774	50	4300	3000	258000
10	860	60	5160	4000	344000
11	946	70	6020	5000	430000
12	1032	80	6880	6000	516000
13	1118	90	7740	7000	602000
14	1204	100	8600	8000	688000
15	1290	200	17200	9000	774000
16	1376	300	25800	10000	860000
17	1462				
18	1548	Les 3 quarts	6450		
19	1634	Le demi	4300		
20	1720	Le quart	2150		
21	1806	Le huitième . . .	1075		
22	1892	Les 2 tiers	5733		
23	1978	Le tiers	2867		
24	2064	Le sixième	1433		
25	2150	Le douzième . .	0716		
26	2236				
27	2322				
28	2408				
29	2494				
30	2580				
31	2666				
32	2752				

(Allez page 12).

86 centi. par jour, font par an		313 f.	90 c.
8 f. 60	. . . .	3139	00
86	. . . .	31390	00

17 s. 2 d. $\frac{4}{10}$. 8 liv. 12 s.

A 87 Centimes . . . . . }
À 8 fr. 70 c., ou à 87 fr. } La chose.

2	174	33	2871	400	34800
3	261	34	2958	500	43500
4	348	35	3045	600	52200
5	435	36	3132	700	60900
6	522	37	3219	800	69600
7	609	38	3306	900	78300
8	696	39	3393	1000	87000
9	783	40	3480	2000	174000
10	870	50	4350	3000	261000
11	957	60	5220	4000	348000
12	1044	70	6090	5000	435000
13	1131	80	6960	6000	522000
14	1218	90	7830	7000	609000
15	1305	100	8700	8000	696000
16	1392	200	17400	9000	783000
17	1479	300	26100	10000	870000
18	1566				
19	1653				
20	1740				
21	1827				
22	1914				
23	2001				
24	2088				
25	2175				
26	2262				
27	2349				
28	2436				
29	2523				
30	2610				
31	2697				
32	2784				

Les 3 quarts	6525
Le demi	4350
Le quart	2175
Le huitième . . .	1082
Les 2 tiers	5800
Le tiers	2900
Le sixième	1450
Le douzième . .	0725

(Allez page 12).

87 cent. par jour, font par an	317 f.	55 c.
8 f. 70	3175	50
87	31755	00

17 s. 4 d. $\frac{8}{10}$. 8 liv. 14 s.

A 88 Centimes . . . . A 8 fr. 80 c., *ou* à 88 fr.	La chose.				
		33	2904	400	35200
2	176	34	2992	500	44000
3	264	35	3080	600	52800
4	352	36	3168	700	61600
5	440	37	3256	800	70400
6	528	38	3344	900	79200
7	616	39	3432	1000	88000
8	704	40	3520	2000	176000
9	792	50	4400	3000	264000
10	880	60	5280	4000	352000
11	968	70	6190	5000	440000
12	1056	80	7040	6000	528000
13	1144	90	7920	7000	616000
14	1232	100	8800	8000	704000
15	1320	200	17600	9000	792000
16	1408	300	26400	10000	880000
17	1496				
18	1584				
19	1672				
20	1760				
21	1848				
22	1936				
23	2024				
24	2112				
25	2200				
26	2288				
27	2376				
28	2464				
29	2552				
30	2640				
31	2728				
32	2816				

Les 3 quarts . . .	6600
Le demi	4400
Le quart	2200
Le huitième . . .	1100
Les 2 tiers	5867
Le tiers	2933
Le sixième	1467
Le douzième . .	0733

(Allez page 12).

88 centi. par jour, font par an	321 f.	20 c
8 f. 80	3212	00
88	32120	00

17 [illegible] 7 d. $\frac{2}{19}$ 8 liv. 16 [illegible]

A 89 Centimes .... } La chose.
A 8 fr. 90 c., *ou* à 89 fr.

		33	2937	400	35600
2	178	34	3026	500	44500
3	267	35	3115	600	53400
4	356	36	3204	700	62300
5	445	37	3293	800	71200
6	534	38	3382	900	80100
7	623	39	3471	1000	89000
8	712	40	3560	2000	178000
9	801	50	4450	3000	267000
10	890	60	5340	4000	356000
11	979	70	6230	5000	445000
12	1068	80	7120	6000	534000
13	1157	90	8010	7000	623000
14	1246	100	8900	8000	712000
15	1335	200	17800	9000	801000
16	1424	300	26700	10000	890000
17	1513				
18	1602				
19	1691				
20	1780				
21	1869				
22	1958				
23	2047				
24	2136				
25	2225				
26	2314				
27	2403				
28	2492				
29	2581				
30	2670				
31	2759				
32	2848				

Les 3 quarts	6675
Le demi	4450
Le quart	2225
Le huitième	1112
Les 2 tiers	5933
Le tiers	2967
Le sixième	1484
Le douzième . .	0742

(Allez page 12).

89 centi. par jour, font par an	324 f.	85 c.
8 f. 90	3248	50
89	32485	00

17 s. 9 d. 6/10   O 2   8 liv. 18 s.

A 90 Centimes ..... A 9 fr. 0 c., *ou* à 90 fr.	La chose.

		33	2970	400	36000
1	180	34	3060	500	45000
2	270	35	3150	600	54000
3	360	36	3240	700	63000
4	450	37	3330	800	72000
5	540	38	3420	900	81000
6	630	39	3510	1000	90000
7	720	40	3600	2000	180000
8	810	50	4500	3000	270000
19	900	60	5400	4000	360000
10	990	70	6300	5000	450000
12	1080	80	7200	6000	540000
13	1170	90	8100	7000	630000
14	1260	100	9000	8000	720000
15	1350	200	18000	9000	810000
16	1440	300	27000	10000	900000
17	1530				
18	1620				
19	1710				
20	1800				
21	1890				
22	1980				
23	2070				
24	2160				
25	2250				
26	2340				
27	2430				
28	2520				
29	2610				
30	2700				
31	2790				
32	2880				

Les 3 quarts . . .	6750
Le demi	4500
Le quart	2250
Le huitième . . .	1125
Les 2 tiers	6000
Le tiers	3000
Le sixième	1500
Le douzième . .	0750

(Allez page 11).

90 centi. par jour, font par an	328 f. 50 c.
9 f. 00	3285 00.
90	32850, 00.

A 91 Centimes . . . . . }
A 9 fr. 10 c., *ou* à 91 fr. } La chose.

2	182
3	273
4	364
5	455
6	546
7	637
8	728
9	819
10	910
11	1001
12	1092
13	1183
14	1274
15	1365
16	1456
17	1547
18	1638
19	1729
20	1820
21	1911
22	2002
23	2093
24	2184
25	2275
26	2366
27	2457
28	2548
29	2639
30	2730
31	2821
32	2912

33	3003
34	3094
35	3185
36	3276
37	3367
38	3458
39	3549
40	3640
50	4550
60	5460
70	6370
80	7280
90	8190
100	9100
200	18200
300	37300

400	36400
500	45500
600	54600
700	63700
800	72800
900	81900
1000	91000
2000	182000
3000	273000
4000	364000
5000	455000
6000	546000
7000	637000
8000	728000
9000	819000
10000	910000

Les 3 quarts . . .	6825
Le demi	4550
Le quart	2275
Le huitième . . .	1137
Les 2 tiers	6067
Le tiers	3033
Le sixième	1516
Le douzième . .	0758

(Allez page 11).

11   010

91 centi. par jour, font par an	332 f.	15 c.
9 f. 10	3321	50
91	33215	00

18 s. 2 d. $\frac{4}{10}$ 9 liv. 2 s.

A 92 Centimes . . . . } La chose.
A 9 fr. 20 c., *ou* à 92 fr. }

		33	3036	400	36800
2	184	34	3128	500	46000
3	276	35	3220	600	55200
4	368	36	3312	700	64400
5	460	37	3404	800	73600
6	552	38	3496	900	82800
7	644	39	3588	1000	92000
8	736	40	3680	2000	184000
9	828	50	4600	3000	276000
10	920	60	5520	4000	368000
11	1012	70	6440	5000	460000
12	1104	80	7360	6000	552000
13	1196	90	8280	7000	644000
14	1288	100	9200	8000	736000
15	1380	200	18400	9000	828000
16	1472	300	27600	10000	920000
17	1564				
18	1656				
19	1748				
20	1840				
21	1932				
22	2024				
23	2116				
24	2208				
25	2300				
26	2392				
27	2484				
28	2576				
29	2668				
30	2760				
31	2852				
32	2944				

Les 3 quarts . . .	6900
Le demi	4600
Le quart	2300
Le huitième . . .	1150
Les 2 tiers	6133
Le tiers	3067
Le sixième	1533
Le douzième . .	0767

(Allez page 11)

92 centi. par jour, font par an 335 f. 80 c.
9 f. 20 . . . . 3358 00
92 . . . . 33580 00

18 s. 4 d. 8/10 . . . . 9 liv. 4 s.

A 93 Centimes
A 9 fr. 30 c., *ou* à 93 fr. } La chose

2	186	33	3069	400	37200
3	279	34	3162	500	46500
4	372	35	3255	600	55800
5	465	36	3348	700	65100
6	558	37	3441	800	74400
7	651	38	3534	900	83700
8	744	39	3627	1000	93000
9	837	40	3720	2000	186000
10	930	50	4650	3000	279000
11	1023	60	5580	4000	372000
12	1116	70	6510	5000	465000
13	1209	80	7440	6000	558000
14	1302	90	8370	7000	651000
15	1395	100	9300	8000	744000
16	1488	200	18600	9000	837000
17	1581	300	27900	10000	930000
18	1674				
19	1767				
20	1860				
21	1953				
22	2046				
23	2139				
24	2232				
25	2325				
26	2418				
27	2511				
28	2604				
29	2697				
30	2790				
31	2883				
32	2976				

Les 3 quarts	6975
Le demi	4650
Le quart	2325
Le huitième	1162
Les 2 tiers	6200
Le tiers	3100
Le sixième	1550
Le douzième	0775

(Allez page 11).

93 cent. par jour, font par an	339 f.	45 c.
9 f. 30	3394	50
93	33945	00

18 s. 7 p. $\frac{2}{10}$. 9 liv. 6 s.

A 94 Centimes . . . . } La chose.
A 9 fr. 40 c., *ou* à 94 fr. }

2	188	33	3102	400	37600
3	282	34	3196	500	47000
4	376	35	3290	600	56400
5	470	36	3384	700	65800
6	564	37	3478	800	75200
7	658	38	3572	900	84600
8	752	39	3666	1000	94000
9	846	40	3760	2000	188000
10	940	50	4700	3000	282000
11	1034	60	5640	4000	376000
12	1128	70	6580	5000	470000
13	1222	80	7520	6000	564000
14	1316	90	8460	7000	658000
15	1410	100	9400	8000	752000
16	1504	200	18800	9000	846000
17	1598	300	28200	10000	940000
18	1692				
19	1786				
20	1880				
21	1974				
22	2068				
23	2162				
24	2256				
25	2350				
26	2444				
27	2538				
28	2632				
29	2726				
30	2820				
31	2914				
32	3008				

Les 3 quarts . . .	7050
Le demi	4700
Le quart	2350
Le huitième . . .	1175
Les 2 tiers	6267
Le tiers	3133
Le sixième . . .	1567
Le douzième . .	0784

(Allez page 11).

94 centi. par jour, font par an	343 f.	10 c.
9 f. 40	3431	00
94	34310	00

18 [illegible] 9 d. $\frac{6}{10}$ 9 liv. 8 [illegible]

A 95 Centimes } La chose.
A 9 fr. 50 c., ou à 95 fr. }

		33	3135	400	38000
2	190	34	3230	500	47500
3	285	35	3325	600	57000
4	380	36	3420	700	66500
5	475	37	3515	800	76000
6	570	38	3610	900	85500
7	665	39	8705	1000	95000
8	760	40	3800	2000	190000
9	855	50	4750	3000	285000
10	950	60	5700	4000	380000
11	1045	70	6650	5000	475000
12	1140	80	7600	6000	570000
13	1235	90	8550	7000	665000
14	1330	100	9500	8000	760000
15	1425	200	19000	9000	855000
16	1520	300	28500	10000	950000
17	1615				
18	1710				
19	1805				
20	1900				
21	1995				
22	2090				
23	2185				
24	2280				
25	2375				
26	2470				
27	2565				
28	2660				
29	2755				
30	2850				
31	2945				
32	3040				

Les 3 quarts . . .	7125
Le demi	4750
Le quart	2375
Le huitième . . .	1187
Les 2 tiers	6333
Le tiers	3167
Le sixième . . .	1584
Le douzième . . .	0792

(Allez page 11).

95 cent. par jour, font par an . . . 346 f. 75 c.
9 f. 50 . . . . 3467 50.
95 . . . . 34675 00

19 s. 9 liv. 10 s.

A 96 Centimes . . . . } La chose.
A 9 fr. 60 c., *ou* à 96 fr. }

		33	3168	400	38400
2	192	34	3264	500	48000
3	288	35	3360	600	57600
4	384	36	3456	700	67200
5	480	37	3552	800	76800
6	576	38	3648	900	86400
7	672	39	3744	1000	96000
8	768	40	3840	2000	192000
9	864	50	4800	3000	288000
10	960	60	5760	4000	384000
11	1056	70	6720	5000	480000
12	1152	80	7680	6000	576000
13	1248	90	8640	7000	672000
14	1344	100	9600	8000	768000
15	1440	200	19200	9000	864000
16	1536	300	28800	10000	960000

17	1632		
18	1728	Les 3 quarts . . .	7200
19	1824	Le demi	4800
20	1920	Le quart	2400
21	2016	Le huitième . . .	1200
22	2112	Les 2 tiers	6400
23	2208	Le tiers	3200
24	2304	Le sixième . . .	1600
25	2400	Le douzième . .	0800
26	2496		
27	2592		
28	2688	(Allez page 11).	
29	2784		
30	2880		
31	2976		
32	3072		

96 centi. par jour, font par an 350 f. 40 c.
9 f 60 . . . . 3504 00
96 . . . . 35040 00

19 s. 2 d. $\frac{4}{10}$ 9 liv. 12 s.

A 97 Centimes. } La chose.
A 9 fr. 70 c., *ou* à 97 fr. }

[illegible]	[illegible]	33	3201	400	38800
02	194	34	3298	500	48500
3	291	35	3395	600	58200
4	388	36	3492	700	67900
5	485	37	3589	800	77600
6	582	38	3686	900	87300
7	679	39	3783	1000	97000
8	776	40	3880	2000	194000
9	873	50	4850	3000	291000
10	970	60	5820	4000	388000
11	1067	70	6790	5000	485000
12	1164	80	7760	6000	582000
13	1261	90	8730	7000	679000
14	1358	100	9700	8000	776000
15	1455	200	19400	9000	873000
16	1552	300	29100	10000	970000
17	1649				
18	1746				
19	1843				
20	1940				
21	2037				
22	2134				
23	2231				
24	2328				
25	2425				
26	2522				
27	2619				
28	2716				
29	2813				
30	2910				
31	3007				
32	3104				

Les 3 quarts . . .	7275
Le demi	4850
Le quart	2425
Le huitième . . .	1212
Les 2 tiers	6467
Le tiers	3233
Le sixième . . .	1616
Le douzième . . .	0808

(Allez page 11).

97 centi par jour, font par an 354 f. 05 c.

9 f. 70 . . . . 3540 50

97 . . . . 35405 00

A 98 Centimes . . . . .
A 9 fr. 80 c., *ou* à 98 fr. } La chose.

		33	3234	400	39200
2	196	34	3332	500	49000
3	294	35	3430	600	58800
4	392	36	3528	700	68600
5	490	37	3626	800	78400
6	588	38	3724	900	88200
7	686	39	3822	1000	98000
8	784	40	3920	2000	196000
9	882	50	4900	3000	294000
10	980	60	5880	4000	392000
11	1078	70	6860	5000	490000
12	1176	80	7840	6000	588000
13	1274	90	8820	7000	686000
14	1372	100	9800	8000	784000
15	1470	200	19600	9000	882000
16	1568	300	29400	10000	980000
17	1666				
18	1764				
19	1862				
20	1960				
21	2058				
22	2156				
23	2254				
24	2352				
25	2450				
26	2548				
27	2646				
28	2744				
29	2842				
30	2940				
31	3038				
32	3136				

Les 3 quarts . . .	7350
Le demi . . . . :	4900
Le quart . . . . :	2450
Le huitième . . :	1225
Les 2 tiers . . . :	6533
Le tiers . . . . :	3267
Le sixième . . .	1633
Le douzième . .	0816

(Allez page 11).

98 centi. par jour, font par an	357. f. 70 c
9 f. 80	3577 . 00
98	35770 . 00

19½ 7 d. $\frac{2}{10}$ 9 liv. 16 s.

A 99 Centimes . . . . . .
A 9 fr. 90 c., *ou* à 99 fr. } La chose.

—		33	3267	400	39600
2	198	34	3366	500	49500
3	297	35	3465	600	59400
4	396	36	3564	700	69300
5	495	37	3663	800	79200
6	594	38	3762	900	89100
7	693	39	3861	1000	99000
8	792	40	3960	2000	198000
9	891	50	4950	3000	297000
10	990	60	5940	4000	396000
11	1089	70	6930	5000	495000
12	1188	80	7920	6000	594000
13	1287	90	8910	7000	693000
14	1386	100	9900	8000	792000
15	1485	200	19800	9000	891000
16	1584	300	29700	10000	990000
17	1683				
18	1782				
19	1681				
20	1980				
21	2079				
22	2178				
23	2277				
24	2376				
25	2475				
26	2574				
27	2673				
28	2772				
29	2871				
30	2970				
31	3069				
32	3168				

Les 3 quarts	7425
Le demi	4950
Le quart	2475
Le huitième . . .	1237
Les 2 tiers	6600
Le tiers	3300
Le sixième . . .	1650
Le douzième . .	0825

(Allez page 11).

99 centi. par jour, font par an	361 f.	35 c.
9 f. 90	3613	50
99	36135	00

1 . 69 d 6/10   9 liv. 18 s.

A 100 Centimes . . . }
A 10 fr. 0 c., *ou* à 100 fr. } La chose.

		33	3300	400	40000
2	200	34	3400	500	50000
3	300	35	3500	600	60000
4	400	36	3600	700	70000
5	500	37	3700	800	80000
6	600	38	3800	900	90000
7	700	39	3900	1000	100000
8	800	40	4000	2000	200000
9	900	50	5000	3000	300000
10	1000	60	6000	4000	400000
11	1100	70	7000	5000	500000
12	1200	80	8000	6000	600000
13	1300	90	9000	7000	700000
14	1400	100	10000	8000	800000
15	1500	200	20000	9000	900000
16	1600	300	30000	10000	1000000
17	1700				
18	1800				
19	1900				
20	2000				
21	2100				
22	2200				
23	2300				
24	2400				
25	2500				
26	2600				
27	2700				
28	2800				
29	2900				
30	3000				
31	3100				
32	3200				

Les 3 quarts . . .	7500
Le demi	5000
Le quart	2500
Le huitième . . .	1250
Les 2 tiers , . . .	6667
Le tiers	3333
Le sixième . . .	1667
Le douzième . .	0833

(Allez page 10).

100 centi. par jour, font par an	365 f.	00 c.
10 f. 0 , ...	3650	00
100	36500	00

TABLE GÉNÉRALE DES FRACTIONS,

SERVANT à réduire en centimales *toutes monnaies ou mesures quelconques, inférieures à celles que l'on a prises pour l'unité, et à introduire un seul et unique mode de compte pour toutes les opérations possibles de l'arithmétique et du mesurage, en tel système monétaire et métrique que ce soit.*

1 demi,	0,500	3 quarts,	0,750	5 quatorziemes,	0,357	8 quinziemes,	0,533	12 treiziemes,	0,923
1 tiers,	0,333	3 cinquiemes,	0,600	5 ſeiziemes,	0,312	8 dix-ſeptiemes,	0,470	12 dix-ſeptiemes,	0,705
1 quart,	0,250	3 ſeptiemes,	0,428	5 dix-ſeptiemes,	0,294	8 dix-neuviemes,	0,421	12 dix-neuviemes,	0,631
1 cinquieme,	0,200	3 huitiemes,	0,375	5 dix-huitiemes,	0,277	9 dixiemes,	0,900	13 quatorziemes,	0,928
1 ſixieme,	0,166	3 dixiemes,	0,300	5 dix-neuviem.,	0,263	9 onziemes,	0,818	13 quinziemes,	0,866
1 ſeptieme,	0,142	3 onziemes,	0,272	6 ſeptiemes,	0,857	9 treiziemes,	0,692	13 ſeiziemes,	0,812
1 huitieme,	0,125	3 treiziemes,	0,230	6 onziemes,	0,545	9 quatorziemes,	0,642	13 dix-ſeptiemes,	0,764
1 neuvieme,	0,111	3 quatorziemes,	0,214	6 treiziemes,	0,461	9 ſeiziemes,	9,562	13 dix-huitiemes,	0,722
1 dixieme,	0,100	3 ſeiziemes,	0,187	6 dix-ſeptiemes,	0,352	9 dix-ſeptiemes,	0,529	13 dix-neuviemes,	0,684
1 onzieme,	0,090	3 dix-ſeptiemes,	0,176	6 dix-neuviemes,	0,315	9 dix-neuviemes,	0,473	13 vingtiemes,	0,650
1 douzieme,	0,083	3 dix-neuviemes,	0,157	7 huitiemes,	0,875	9 vingtiemes,	0,450	14 quinziemes,	0,933
1 treizieme,	0,076	3 vingtiemes,	0,150	7 neuviemes,	0,777	10 onziemes,	0,909	14 dix-ſeptiemes,	0,823
1 quatorzieme,	0,071	4 cinquiemes,	0,800	7 dixiemes,	0,700	10 treiziemes,	0,769	14 dix-neuviemes,	0,736
1 quinzieme,	0,066	4 ſeptiemes,	0,571	7 onziemes,	0,636	10 dix-ſeptiemes,	0,588	15 ſeiziemes,	0,937
1 ſeizieme,	0,062	4 neuviemes,	0,444	7 douziemes,	0,583	10 dix-neuviem.,	0,526	15 dix-ſeptiemes,	0,882
1 dix-ſeptieme,	0,058	4 onziemes,	0,363	7 treiziemes,	0,538	11 douziemes,	0,833	15 dix-huitiemes,	0,789
1 dix-huitieme,	0,055	4 treiziemes,	0,307	7 quinziemes,	0,466	11 treiziemes,	0,846	15 vingtiemes,	0,750
1 dix-neuvieme,	0,052	4 quinziemes,	0,266	7 ſeiziemes,	0,437	11 quatorziemes,	0,785	16 dix-ſeptiemes,	0,941
1 vingtieme,	0,050	4 dix-ſeptiemes,	0,235	7 dix-ſeptiemes,	0,411	11 quinziemes,	0,733	16 dix-neuviemes,	0,842
2 tiers,	0,666	4 dix-neuviemes,	0,210	7 dix-huitiemes,	0,388	11 ſeiziemes,	0,687	17 dix-huitiemes,	0,944
2 cinquiemes,	0,400	5 ſixiemes,	0,833	7 dix-neuviemes,	0,368	11 dix-ſeptiemes,	0,647	17 dix-neuviemes,	0,894
2 ſeptiemes,	0,285	5 ſeptiemes,	0,714	7 vingtiemes,	0,350	11 dix-huitiem.,	0,611	17 vingtiemes,	0,850
2 neuviemes,	0,222	5 huitiemes,	0,625	8 neuviemes,	0,888	11 dix-neuviem.,	0,578	18 dix-neuviemes,	0,950
2 onziemes,	0,181	5 neuviemes,	0,555	8 onziemes,	0,727	11 vingtiemes,	0,550	19 vingtiemes,	0,950
2 treiziemes,	0,153	5 onziemes,	0,454	8 treiziemes,	0,615				
2 quinziemes,	0,133	5 douziemes,	0,426						
2 dix-ſeptiemes	0,117	5 treiziemes,	0,384						
2 dix-neuviemes	0,105								

www.ingramcontent.com/pod-product-compliance
Ingram Content Group UK Ltd.
Pitfield, Milton Keynes, MK11 3LW, UK
UKHW021048230726
13926UKWH00004B/1711

9 782016 115480